景观规划与设计实用教程

主编 张惠新 秦嘉烽

电子科技大学出版社
University of Electronic Science and Technology of China Press
·成都·

图书在版编目（CIP）数据

景观规划与设计实用教程 / 张惠新，秦嘉烽主编.
成都：成都电子科大出版社，2024.7. -- ISBN 978-7
-5770-1060-1

Ⅰ.TU986.2

中国国家版本馆 CIP 数据核字第 2024XR0766 号

景观规划与设计实用教程
JINGGUAN GUIHUA YU SHEJI SHIYONG JIAOCHENG

张惠新　秦嘉烽　主编

策划编辑	李述娜　杜　倩
责任编辑	谢忠明
责任校对	辜守义
责任印制	段晓静

出版发行	电子科技大学出版社 成都市一环路东一段159号电子信息产业大厦九楼　邮编　610051
主　　页	www.uestcp.com.cn
服务电话	028-83203399
邮购电话	028-83201495
印　　刷	石家庄汇展印刷有限公司
成品尺寸	185 mm×260 mm
印　　张	13
字　　数	236千字
版　　次	2024年7月第1版
印　　次	2024年7月第1次印刷
书　　号	ISBN 978-7-5770-1060-1
定　　价	98.00元

版权所有，侵权必究

编委会

主　编　张惠新　秦嘉烽

副主编　王怀宇　刘　勇

编　委　刘维东　冯任军　张桐源　高兴玺
　　　　　王怀宇　陈　俊　武贵文　白钊义
　　　　　张　炜　师盼盼　李昱航

前言 preface

　　景观规划与设计是一门融合建筑学、规划学、艺术学、园艺学、植物学、生态学等多个学科的综合应用型学科，迄今有一百多年的发展史。从1858年弗雷德里克·劳·奥姆斯特德（F. L. Olmsted）创立景观规划与设计学科开始，就将"提供革新的规划和优秀的设计，创造一个更贴近自然、更符合自然群落要求、更能增加公众认同感的景观世界，并使它更安全、更健康和更美丽"作为学科发展的核心内容。无论是弗雷德里克·劳·奥姆斯特德，还是其他从事景观规划与设计的人员，他们的景观规划与设计作品在今天都传达出了极其重要的生态与人文价值，景观规划与设计学科也得到了学者和公众的认可。

　　随着我国城市化进程的加快，城市规划、建筑设计、环境保护之间的协调与合作愈发重要，迫切需要一门将城市规划、建筑设计、生态环境保护、资源可持续开发等有机结合起来的学科，而基于多学科融合的景观规划与设计学科完全符合当代城市可持续发展的需要。景观规划与设计的理论和方法是设计符合现代城市需要并满足人们生活、工作、娱乐所需景观的基础。

　　为了促进景观规划与设计学科的发展和满足课程教学的需要，我们编写了本书。本书采用图文并茂的形式，系统地阐述了景观规划与设计的基本理论和方法。学生通过对本书的学习，应能够掌握景观规划与设计的基础理论知识和设计方法与技巧，为后续课程的学习打下良好的基础。书中插图为本书编委会成员自制及历届学生的课程作品。

　　本书的编写得到了山西大学美术学院的领导和同事们的支持与帮助，得到了本专业学生的积极支持，在此深表感谢。

由于编写人员水平有限,本书所呈现的内容难免存在不足和局限,敬请专家学者及读者批评指正,以便今后进一步修改完善。

编　者

2024 年 5 月

目录 contents

上篇　景观规划与设计基础知识

第一章　绪论 ·· 3
第一节　景观及相关定义 ··· 3
第二节　景观规划与设计的产生和发展 ································ 6
第三节　景观规划与设计的原则 ·· 9

第二章　景观规划与设计的基本要素 ······································ 16
第一节　视觉与空间造型要素 ··· 16
第二节　景观规划与设计的构成要素 ·································· 27

第三章　景观规划与设计的基本方法 ······································ 45
第一节　概念设计 ··· 45
第二节　分析设计 ··· 47
第三节　综合设计 ··· 52

下篇　景观规划设计的分类与实例

第四章　城市道路景观规划与设计 ··· 59
第一节　城市道路景观概述 ··· 59
第二节　城市道路景观规划与设计的方法 ·························· 63
第三节　城市道路景观规划与设计实例分析 ······················ 76

第五章　居住区景观规划与设计 ·································· 79
第一节　概述 ··· 79
第二节　居住区景观规划与设计的原则及方法 ················ 81
第三节　居住区景观规划与设计实例分析 ···················· 87

第六章　滨河景观规划与设计 ···································· 92
第一节　概述 ··· 92
第二节　滨河景观规划与设计的目标、原则及思路 ············ 98
第三节　滨河景观规划与设计实例分析 ······················ 103

第七章　园林景观规划与设计 ···································· 115
第一节　概述 ··· 115
第二节　园林景观的设计方式 ······························ 118
第三节　现代技术在园林景观规划与设计中的应用 ············ 125
第四节　园林景观规划与设计实例分析 ······················ 131

参考文献 ·· 145

附录 ·· 148

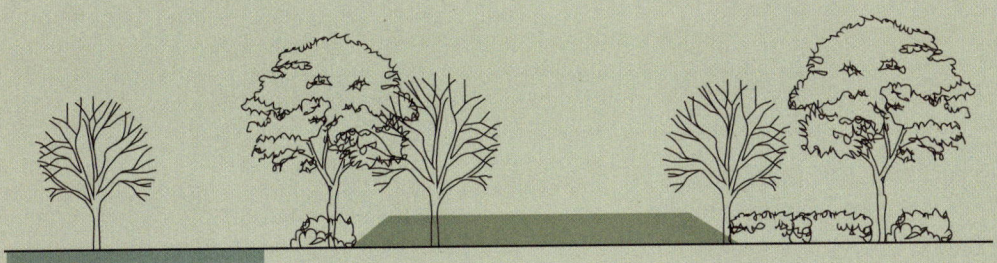

上篇 景观规划与设计基础知识

第一章 绪 论

第一节 景观及相关定义

一、概念界定

（一）景观

"景观"是指某地区或某种类型的自然风景和景致，也可指人工创造的风景和景致。我们可以把景观看作空间上彼此相邻、功能上相互关联、形态上具有一定特点的若干生态系统的聚合。

景观本身包含的内容广泛，它与文学、艺术、生态、地理等多种学科交叉融合，因此它在不同学科中具有不同含义。

艺术家把景观作为欣赏与再现的对象，认为景观就像风景、景色、景致等审美对象，从中可以发现自然的本质与美丽，认为景观是美的源泉。艺术家通过提炼概括，将美的感觉和意义传递给人们。

建筑师更离不开景观，他们把景观视为建筑的配套外环境，视为连接建筑内外空间的主要媒介，视为建筑与自然过渡的最有效载体。因而，建筑师更注重考虑主体建筑与景观和谐共融形成的协调空间。

地理学家把景观视为一个科学名词，将其定义为一种地表景象，认为景观具有地球表面气候、土壤、生物群落的内涵，是一个地理区域的总体特征。

旅游管理者把景观视为旅游资源加以适当开发，通过合理的功能布局，建造相应的旅游基础设施和娱乐设施，满足游客休闲度假的需求，从而产生一定的效益。

在大多数人的观念中，景观就是宅前屋后的绿植、居住小区的绿化、街头的小广场、户外的雕塑、建筑景物等，这种观念给出了园林景观最质朴、最直接的定义。

从整体上看，依据景观的基本特性的不同，可把它分为两类：一类是软质景观，如树木、水体、和风、细雨、阳光、天空等，通常是自然的；另一类是硬质景观，如铺地、墙体、栏杆以及其他景观构筑物等，通常是人造的。可见景观是土地与土地上的空间、物体及事件构成的综合内容，是复杂的自然过程与生动的人类活动相互作用并留在大地上的痕迹，是多种功能过程的载体，涉及地理、生物、文化、艺术、美学、哲学以及历史等范畴，因而景观的规划与设计也必须考虑地理条件、文化背景与艺术表现等。

（二）景观规划

景观规划的范畴相对广泛，是对一个区域未来整体性、长期性、基本性问题的全面思考，具有长远性、全局性、战略性、方向性、概括性的特点。景观规划从景观区域的基本特征和属性出发，强调空间布局和功能划分，并对规划的区域运用园林艺术和工程技术手段，通过改造地形、种植植物、营造建筑和布置园路等方法创造美的自然环境和生活、游憩境域。现代景观规划可以分为小、中、大的形态内容。小型景观规划主要包括宅前屋后的花园、街头绿地、小公园、入口、景观小品环境规划等内容；中型景观规划主要包括交通主干道、步行街道、滨水景观、中型公园规划等内容；大型景观规划主要包括城市大型公园、旅游景区、商业区规划和综合性居住区改造等内容。

（三）景观设计

景观设计是把计划、设想、规划通过艺术的思维和工程的手段表达出来的活动过程，是设想与计划的具象表现。景观设计更倾向于表现景观中具体的内容、步骤和方法，是在整体规划的基础上展开的设计，是对规划的延伸、展开和细化。具体来说，景观设计是对组成景观整体的地形、水体、植物、建筑、基础设施等要素的综合设计。景观设计使环境具有美学欣赏价值和日常使用的功能，并能保证生态可持续发展，同时也必须满足工程的要求。景观设计在一定程度上体现了当时人类文明的发展程度和价值取向及设计者的审美观念。

二、景观规划与设计的功能

随着科学技术的进步和经济的发展，人们的生活品位有了较大的提升。景观是人与自然空间和谐相处的载体，人们设计景观的目的是营造空间环境，让环境在满足一定的功能的同时陶冶人的情操，因而景观不仅是自然的载体，同时也是文化和精神的载体。于是使用功能、美化功能和生态功能就成为景观规划与设计最基本的要求。

（一）使用功能

景观规划与设计可以营造出优美舒适的环境，满足人们对文娱活动、儿童活动等日常休闲娱乐活动的要求，为人们提供健康、舒适的环境场所，人们置身其中可调节心情、消除疲劳、提高工作效率。景观规划与设计还可创造出具有文化宣传、科普教育功能的场所，如图1-1所示为孟母文化园酒店庭院。让人们通过参观文物古迹、书画长廊，参加花卉展览等活动，在轻松愉悦的环境中掌握知识、了解历史、认识自然。合理的景观规划与设计，还可为旅游产业注入新的生命力，促进旅游业的发展，将更多美好的风景展现给人们。

图 1-1　孟母文化园酒店庭院

（二）美化功能

景观规划与设计可以美化市容，提升城市景观效果，从而使人们获得美的享受。师法自然的景观设计可以满足人们观赏自然风光的要求：喧嚣的城市中的田野园林景观中，树木丰茂，置身其中聆听清脆的鸟鸣声、树木的沙沙声、昆虫的呢喃声，让人在聆听自然的同时享受和谐之美；富于变化的植物造型和组合形成的韵律会使人心情舒畅，展现景观的艺术之美；将景观中的建筑、植物、山石、小品、水景等元素进行艺术组合，可构成丰富多变的立体空间形态，让人们在景观中获得更丰富、更有层次的体验，在意犹未尽中品味意境之美。如图1-2、图1-3所示。

图 1-2　晋阳湖公园局部景观　　　　图 1-3　庭院局部

（三）生态功能

景观是城市中的绿洲，是优美的休憩空间。通过景观规划与设计能建造人工生态系统。景观绿化中的植物通过光合作用吸收二氧化碳并释放大量氧气，使环境空间清新舒适。在散发有害气体的污染源附近，种植与其相对应的抗性强且具有吸收能力的树种，能有效吸收工业排放的有害气体，从而达到净化空气、水和土壤的作用。景观中枝冠茂密的树种具有强大的降低风速的作用，对烟灰、粉尘具有明显的阻挡、过滤、吸收作用。同时，树木、花草叶面的蒸腾作用，能降低气温、调节湿度、吸收太阳辐射，对改善城市小气候有着积极的作用。景观绿地还有优秀的地表覆盖能力，可起到蓄水保土作用。

第二节 景观规划与设计的产生和发展

景观的产生和发展有着深刻的社会经济原因，涉及绘画、雕塑、建筑等领域。纵观西方景观发展史，在不同地域和时间产生了不同的设计流派和设计师。

一、产生

19世纪上半叶，西方城市工业化的迅速发展以及后工业时代的到来，对景观的发展产生了一定的影响。

在美国，城市开敞空间逐步被侵蚀，郊区的自然风景吸引着城市居民，郊区墓园风景在19世纪中叶成为一种时尚。美国造园先驱唐宁（A. J. Downing）指出："这些墓园对城市居民的吸引力在于它们固有的美和利用艺术手法和谐组织起来的场地……这种景色有一种自然和艺术相统一的魅力。"在浪漫郊区设想中，他表达了对工业城市的逃避和突破美国方格网道路格局的意愿。他在新泽西公园规划中设计了自然型的道路，住宅处于植被当中，住宅区中建有公园。这种所谓的城市-乡村连续体对20世纪现代景观设计产生了很大的影响。

在19世纪的自然主义运动中，美国现代景观设计的创始人奥姆斯特德崭露头角。他的景观设计实践使景观设计从一个初步试验性设想发展成为具有确定意义的新学科。100多年来，奥姆斯特德和英国建筑师沃克斯合作设计的纽约中央公园，已经成为纽约城中的一块绿洲，极具先见之明地给城市提供了大片绿地和休憩场所。在此之后，中央公园得到了公众的赞赏，美国把公园建设当作促进城市经济发展和提供自然景色的一项公益活动，兴起了城市公园运动，奥姆斯特德成为这场运动的领导人。

总的来说，美国的城市公园运动拉开了现代景观规划与设计的序幕，公园不再只是为少数人服务，而是面向大众的，成为对于城市来说意义重大的新型景观。这要求景观规划与设计必须考虑更多的因素，包括功能与使用、行为与心理、环境艺术与技术等。对于景观规划与设计的研究也不仅仅停留在风格、流派以及细部的装饰上，而是更强调其在城市规划和生态系统中的作用。

二、发展

长期以来，国外的景观规划与设计作为一门独立的学科在不断发展完善，而我国的景观规划与设计主要依附于传统园林园艺，置于农学、林学、建筑学、城市规划和文学等学科之中，所以发展缓慢，导致景观规划与设计的含义和研究范围模糊不清，经常被人们误解。毋庸置疑，现代景观规划与设计是在传统的园林园艺基础上发展而来的，但它与传统园林园艺又有很大不同。

现代景观规划与设计是大工业、城市化和社会化的产物，是在现代科学技术基础上成长发展起来的。它所关注的对象已扩展到人居环境，甚至是人类的生存问题，其广度和深度远远超过了传统风景园林的范畴。20世纪末，景观生态学、可持续发展等理念被引入景观规划与设计行业，突出说明了人与自然环境之间的矛盾日益紧张。人类只想一味征服自然，在取得了辉煌成就的同时，也给自身带来了很多困扰。人类的经济水平提高了，却破坏了自然环境，使生活质量下降，随后人们开始意识到自然环境的重要性。这也从另一个方面阐明了景观规划与设计行业在全世界范围内迅速发展的原因。

在美国，景观规划与设计被评为21世纪发展最快、人才最紧缺的行业之一；在中国，景观规划与设计行业也有着强大的生命力和巨大的发展市场。近年来，中国经济迅猛发展，城市建设规模和速度都是前所未有的，但产生了过度开发、环境污染等负面问题，这些都为景观规划与设计行业的发展提供了新的机遇。

21世纪的景观规划与设计涉及内容广泛，包括国土资源、城市风貌保护和历史文化区、生态旅游区、休闲度假区、大学校园、高科技产业园区、公共园林、城市道路系统、居住区环境、街头绿地等各种环境的规划与设计，社会需求广泛，专业前景乐观。但是，我国景观规划与设计行业的规范程度与西方发达国家相比仍存在较大的差距，需要持续努力，以促进景观规划与设计长期良性发展。

三、发展趋势

(一) 多学科的融合与互补

景观规划与设计涉及建筑学、城市规划学、地理学、历史学、美学、心理学、宗教学等众多学科。景观规划与设计从最初为少数人服务的单一形式园林规划设计逐渐发展到为大众提供休闲、娱乐服务的空间规划设计,起着改善城市环境、促进经济发展、维护生态平衡等多方面的作用。如三大生态系统之一,被称为地球"肾脏"的湿地景观设计,就包含植物、动物、地理、环境、遗传等众多学科知识。

(二) 新技术和新材料的运用

现代景观规划与设计大量运用新技术和新材料。如应用数据库处理技术、网络技术与多媒体技术进行资料收集、数据共享与信息交流;运用地理信息系统(GIS)、遥感(RS)、全球定位系统(GPS)进行基地各种景观空间分析与信息提取等。新型太阳能节能灯、能增加湿度并具有观赏性能的喷雾系统,以及新的石材、金属材料等新材料的运用,促使一大批时代新景涌现。

(三) 生态设计的发展

随着城市化进程的不断加速,城市生态问题越来越受到重视。生态保护要求我们尊重自然、顺应自然,减少盲目的人工改造。对城市建设来说通常的程序是城市规划—建筑设计—建筑、道路、市政设施施工—景观规划与设计施工。其结果一般是,原有的生态景观——植被、水体被破坏,起伏的地表被夷为平地,人与自然的和谐关系被破坏,再用人工的方法——景观规划与设计(通常被理解为绿化和美化)来重新建造一些所谓的新景观,场地原有的自然特征已经被破坏殆尽,场地整体空间格局已定,市政管线纵横交错,景观规划与设计能做的好像也只有绿化和美化了,这样做除了重复耗费大量的人力物力,对自然生态环境的破坏也是难以恢复的。在美国景观设计师约翰·西蒙兹看来,遵从自然的生态思想应贯穿于开发建设始终。场地选址、场地规划、场地设计、建筑设计等都要有生态思想的体现,只有保护和利用好自然资源,才能发挥景观规划与设计的最大作用,取得最佳生态效益。

(四) 低碳理念的体现

所谓低碳,是指生活中所耗用的能量要尽可能少,从而减少二氧化碳的排放量。随着世界工业经济的发展、人口的剧增、人类生产生活方式的无节制，使得世界气候问题越来越严重，二氧化碳排放量越来越大，地球臭氧层正遭受前所未有的破坏，全球灾难性气候变化屡屡出现，已经严重危害到人类的生存环境和健康安全。景观本身具有改善环境的作用，因此在景观规划与设计时更应注重规划设计低碳景观、绿色景观。例如，在大型景观绿地中设置交通换乘点；景区以无二氧化碳尾气排放的环保车和自行车为交通工具；在屋顶覆土种植植物，防止夏季太阳直射室内导致温度过高，从而减少空调的使用；设计沟渠将雨水收集、过滤，用于花草的浇灌，以节约水资源等。在景观规划与设计中要建立低碳景观模式，促进景观的可持续发展。

第三节　景观规划与设计的原则

一、文化性原则

景观是城市整体环境的一部分，无论是人工景观还是自然景观，其开发都必然要与城市的地域文化产生多方面的联系。景观是保持和塑造城市风情、文脉和特色的重要载体。作为一种文化载体，任何景观都必然地处特定的自然环境和人文环境。自然环境条件是文化形成的决定性因素之一，影响着人们的审美观和价值取向，同时，人文环境与社会文化相互依存，相互促进，共同成长。

景观规划与设计要体现其文化内涵，首先要秉承尊重地域文化的原则。人们生活在特定的自然环境中，必然形成与环境相适应的生产生活方式和风俗习惯，这种民俗与当地文化相结合形成了地域文化。厘清历史文化的脉络，重视景观资源的继承、保护和利用，以自然生态条件和地带性植被为基础，将民俗风情、传统文化、宗教、历史文物等融合在景观环境中，使景观具有明显的地域性和文化性特征，是景观设计的核心精神。

在进行景观规划与设计时，必须分析景观所在地的地域特征和自然环境，结合地区的文化古迹、自然环境、城市格局、建筑风格等，将这些特色因素综合起来考虑，见人见物，入乡随俗，充分尊重当地的民族习俗，尊重当地的礼仪和生活习惯，从中抓取主要特点，经过提炼并融入景观作品中。这样才能设计出既具有审美价值又舒适宜人的优秀公共景观空间作品，才能被当时当地的人和自然接受。

二、美学原则

审美体验是我们从事景观规划与设计的美学基础，景观空间必须具有一定的艺术审美性，使城市形成连续和整体的景观系统。景观审美一方面赋予了城市特有的艺术性质，另一方面也需要符合美学的一般规律，做到观赏性与实用性并存。

在景观规划与设计中存在三种不同层次的审美价值：表层的形式美、中层的意境美和深层的意蕴美。表层的形式美表现为"格式塔"，是作用于人的感官的直接反映。景观作为客观的存在，在进行主观性审美时，就是通过形式美展现出来的。中层的意境美是情感和想象的产物，它是通过有限物象来表达无限意象的空间感觉。深层的意蕴美则是人的心灵、情感、经验、体验共同作用的结果。景观规划与设计作为艺术表达的终极目的在于创造意蕴美，其审美机制是景观整体特征与主体心灵图式的同构契合。

三、科学性原则

（一）科学性依据与分析

景观规划与设计的科学性原则主要体现在对景观基地客观因子的科学性分析上。景观基地分析的科学依据主要来自涉及基地的各类客观自然条件和社会条件，包括该基地的地理条件、水文情况、地方性气候、地质条件、矿物资源、地貌形态、地下水位、生物多样性、土壤状况、花草树木的种植需求和生长规律、区域经济状况、道路交通设施条件等。

对基地条件的分析需要运用相应的科学技术手段。例如，运用地理信息系统技术对基地因子进行数据建模和分析，从而得出土地适应性的结论；通过对景观类型环境因子的分析，推导出适宜的景观廊道空间；通过对地形地势的三维空间分析及坡度坡向分析，为后期设计布局提供参考；等等。此外，多学科的多元性交流，也是景观规划与设计科学性原则的一个重要体现。

在景观规划与设计中需要运用很多交叉学科的知识，包括生态学、建筑学、植物学、人体工程学、环境心理学、市政工程学等。例如，在景观设施的布局与设计上，需要运用人体工程学的知识，充分考虑人在户外活动中的各类适宜尺度；在各类景观空间的营造上，需要运用环境心理学的知识，根据不同空间给人带来的不同心理感受，去营造与之相匹配、相协调的景观环境和节点。

（二）技术设计规范

景观规划与设计需要严格遵守相关国家标准设计规范，这也是设计方案能最终实施的科学性保障。与景观规划与设计相关联的行业规范大致可分为绿地园林类、建筑类、城市规划类、道路交通类、工程设施类、电力照明类、环境保护类、文物保护类等。这涉及多种政策法规、标准与技术规范。

1. 政策法规

景观规划与设计中需要遵循的政策法规主要包括法律、行政法规、地方性法规和部门规章四大类。

①法律。法律是指国家最高权力机关，即全国人民代表大会及其常务委员会制定、颁布的规范性文件的总称，其法律效力和地位仅次于宪法。例如《中华人民共和国环境保护法》《中华人民共和国城乡规划法》《中华人民共和国森林法》等。

②行政法规。行政法规是指国家最高行政机关国务院依据宪法和法律制定的规范性文件的总称。它包括由国务院制定和颁布的，以及由国务院各主管部门制定经国务院批准发布的规范性文件。例如国务院发布的《风景名胜区条例》《中华人民共和国森林法实施条例》《城市绿化条例》等。

③地方性法规。地方性法规是指地方权力机关根据本行政区域内的具体情况和实际需要，依法制定的本行政区域内具有法律效力的规范性文件。例如《湖北省城市绿化实施办法》等。

④部门规章。部门规章是指国务院各主管部门和省、自治区、直辖市人民政府以及省、自治区政府所在地的市或经国务院批准的较大城市的人民政府依据宪法和法律制定的规范性文件的总称。例如，住房和城乡建设部制定的《城市绿线管理办法》和地方政府制定的有关城市园林绿化的各种管理条例等。

2. 标准

标准是对重复性事物和概念所做的统一规定，它以科学技术和实践经验的综合成果为基础，经有关方面协商一致，由主管机构批准，以特定形式发布，作为共同遵守的准则和依据。

①国家标准。对于需要在全国范围内统一的技术要求，应当制定国家标准。国家标准由国家标准化管理委员会编制计划、审批、编号、发布。国家标准代号为 GB 和 GB/T，其含义分别为强制性国家标准和推荐性国家标准。国家标准在全国范围内适用，其他各级标准不得与之相抵触。

②行业标准。对于国家标准内没有，又需要在全国某个行业范围内统一的技术要求，可以制定行业标准。行业标准是专业性、技术性较强的标准，它由行业标准归口部门编制计划、审批、编号、发布、管理。行业标准也分强制性

行业标准与推荐性行业标准,如建筑行业标准代号是CJJ,推荐性建筑行业标准代号是CJJ/T。作为国家标准的补充,当相应的国家标准实施后,该行业标准应自行废止。

③地方标准。对于国家标准和行业标准内没有,而又需要在省、自治区、直辖市范围内统一的技术要求,可以制定地方标准。地方标准在本行政区域内适用,不得与国家标准和行业标准相抵触。地方标准代号为DB和DB/T,分别为强制性地方标准和推荐性地方标准。国家标准、行业标准公布实施后,相应的地方标准自行废止。

3. 技术规范

技术规范是有关景观规划与设计、施工、管理等方面的准则和标准。目前通用的技术规范有中国建筑标准设计研究院出版的一系列有关景观方面的施工图集,如《环境景观——室外工程细部构造》(03J012-1)、《建筑场地园林景观设计深度及图样》(06SJ805)等。

四、生态性原则

景观规划与设计应尊重自然,显露生态本色,保护自然景观,注重环境容量的控制,增加生态多样性。自然环境是人类赖以生存和发展的基础,地形地貌、河流湖泊、绿化植被等要素共同构成了城市宝贵的景观资源。尊重并强化城市的自然生态景观特征,使人工环境与自然生态环境和谐共处,有助于城市特色的创造。

(一)保护、节约自然资源

地球上的自然资源可以分为可再生资源(如水、森林、动物等)和不可再生资源(如石油、煤等)。要实现人类生存环境的可持续发展,必须对不可再生资源加以保护和节约使用。即使是对可再生资源,也要尽可能地节约使用。

在景观规划与设计中要尽可能使用可再生原料制成的材料,尽可能将场地中的材料循环使用,最大限度地发挥材料的潜力,减少生产、加工、运输材料而消耗的能源,减少施工中的废弃物,并且保留当地的文化特点。如图1-4、图1-5所示。

图1-4 三亚红树林生态公园　　图1-5 桃浦中央绿地

（二）生物多样性原则

景观规划与设计是与自然相结合的设计，应尊重和维护生物的多样性。它既是人们生存和发展的需要，也是维持城市生态系统平衡的重要基础。尊重和维护生物多样性，包括对原有生物生息环境的保护和对新的生物生息环境的创造；保护城市中具有地带性特征的植物群落，包括有丰富乡土植物和野生动植物栖息的荒废地、湿地，以及盐碱地、沙地等生态脆弱地带；保护景观斑块、乡土树种及稳定区域性植物群落。

（三）生态位原则

所谓生态位，即物种在生态系统中的功能作用以及在时间与空间中的地位。在有限的土地上，根据物种的生态位原理实行乔、灌、藤、草、地被植被及水面相互配置，并且选择各种生活型（针阔叶、常绿落叶、旱生湿生水生等）以及不同高度、颜色、季相变化的植物，充分利用空间资源，建立多层次、多结构、多功能的科学的植物群落，构成一个稳定的长期共存的复层混交立体植物群落。

（四）可持续发展原则

园林绿地作为现代城市中唯一具有自净能力的景观组成部分和城市人工生态平衡系统中的重要一环，是城市建设过程中对自然造成的破坏的一种修复和补偿。运用生态思维、遵循生态原理去创造更富生机、生态兼容的生活环境，是社会和谐发展的必然要求。

可持续发展是当前低碳社会发展的基本原则，它具体指景观规划与设计能够产生较高的生态效能与社会效用，从而促进城市的健康、协调发展。在规划和设计城市景观体系过程中要更多地考虑生态城市的标准，以生态效果为中心、以环境保护为导向的城市景观规划才更加符合现代城市可持续发展的要求。

五、以人为本原则

景观规划与设计只有在充分尊重自然、历史、文化和地域的基础上，结合不同阶层人的生理和审美等各种需求，才能体现设计以人为本理念的真正内涵。因此，人性化设计应该是站在人性的角度上把握设计方向，以综合协调景观规划与设计所涉及的深层次问题。

（一）功能性需求

设计的功能性需求是受众在长期的生产生活演变过程中所产生的基本需求。人的行为会影响并改变景观环境空间的形式。例如，在一个公园里，我们可以通过观察人们在午间享受公园环境的行为，得出人们对景观和环境的需求和关注点。

以人为本的景观规划与设计应当使使用者与景观之间的关系更加融洽，人工的景观环境应最大限度地与人的行为方式相协调，体谅人的感情，使人感到舒适愉悦，而不是用空间去限制或强制改变人们喜欢的生活方式和行为模式。

（二）情感需求

以人为本的景观规划与设计应满足受众个体的情感需求，不仅要使受众个体获取由景观优质的使用功能带来的愉悦、舒适的体验，还要通过景观的个性化满足他们情感的个性化需求。景观的个性化是指一定时空领域内，某地域景观作为人们的审美对象，相对于其他地域景观所体现出的不同审美特性和功能特征。景观的个性化是一个国家、一个民族和一个地区在特定的历史时期文化的反映，它体现了当时某地域人们的社会生活、精神生活以及当地习俗与情趣在其地域风土上的积累。

（三）心理需求

人们对景观的心理感知是一种理性思维的过程。只有通过这一过程，才能作出由视觉观察得到的对景观的评价，因而心理感知是人性化景观感知过程中的重要一环。

对景观的心理感知过程正是人与景观统一的过程。无论是夕阳、清泉、急雨，还是蝉鸣、竹影、花香，都会引起人的思绪变迁。在景观规划与设计中，一方面要让人触景生情，另一方面还要使"情"升为"意"。这时"景"升为

"境",即"境界",完成感情上的升华,以满足人们高层次的文化精神享受的需要,如图 1-6 所示为疗养院外部景观。

图 1-6 疗养院外部景观

第二章 景观规划与设计的基本要素

第一节 视觉与空间造型要素

一、空间形态基本要素

(一) 点

点是视觉能够感觉到的基本单位。任何事物的构成都是由点开始的,它作为空间形态的基础和中心,本身没有大小、方向、形状、色彩之分,只有在和空间环境的组合中才会显露它的个性。

点具有高度积聚的特性,且容易形成视觉的焦点和中心。点既是景的焦点,又是景的聚点,往往成为环境中的主题主景。在环境设计时,要重视点的这一特性,要画龙"点睛"。这种手法的表现可运用以下几种方式。

①在轴线的节点或者轴线的终点等位置设置主要的景观要素形成景观的重点,突出景观的中心和主题。

②利用地形的变化,在地形最突出的部分设置景观要素。

③在构图的几何中心布置景观要素,使之成为视觉焦点。

点的运动、分散与密集可以构成线和面,同一空间、不同位置的两个点之间会产生心理上的不同感觉,如疏密相间,高低起伏,排列有序等,在视觉上也具有明显的节奏韵律感。在景观园林中对点进行不同的排列组合,同样会构成有规律有节奏的造型,表示出特定的意义和意境。在景观环境中布置一些散点,可以增加环境自由、轻松、活泼的特性。由于散点所具有的聚集和离散感,往往可以给景观带来如诗的意境。散点往往以石头、雕塑、喷泉和植物等形式出现在景观环境中。

(二) 线

线是空间形态的基本要素,由点延续或移动形成,是面的边缘。线可以是直的或曲的,或是许多直线和曲线的组合,它们可以是规则的或不规则的几何形。线有长短和方向之分,长的线保持一种连续性,短的线可以分隔空间,有不定性。

方向感是线的主要特征,一条线的方向影响着它在视觉构成中所发挥的作用,在环境设计中常利用这种性质组织空间。

曲线的基本属性是柔和、变化性、虚幻性、流动性和丰富感。曲线分两类:一是几何曲线,二是自由曲线。几何曲线饱满,有弹性,严谨,理智,富有现代感,同时也会产生一种机械的冷漠感。自由曲线富有人情味,具有强烈的活动感和流动感。曲线在设计中的运用非常广泛,环境中的桥、廊、墙及驳岸、建筑、花坛等处处都有曲线存在,如图2-1所示。

图2-1 公园曲线形座椅装饰背景

(三)面

面是线移动的轨迹,点的扩大、线的宽度增加等也会产生面。自然界中面的形式很多,其性格也较为复杂,事实上在设计过程中较为简单的面元素用得较多。例如,方形面给人单纯、大方、安定、呆板的感觉;圆形面给人饱满、充实、柔和的感觉;三角形面中正,较为单纯、安定、庄重有力;倒三角形单纯却动荡和不稳定。对于较为复杂的面,评价标准是:其所含的直线成分越多,越接近于直线性格,包含的曲线越多,越接近于曲线性格。

1. 几何曲线形平面在景观艺术中的应用

几何曲线形平面具有严谨性,在园林中主要应用于体现规则式园林中的空旷地和广场外形轮廓、封闭型的草坪、广场空间等。几何曲线形平面园林的布局显得整齐、庄严,富有气魄而亲切,且易于与建筑、道路等整齐规则的几何直线形平面环境协调一致,刚柔并济,产生秩序安定、温馨的美感。

2.自由曲线形平面在景观艺术中的应用

自由曲线形平面是曲线和面结合的产物,突出了自然、随和、自由生动的特性,一般应用于自然式园林中。在中国古典园林中,无论是园林中的空旷地或广场的轮廓,还是水体的轮廓都为自然形,形成园林中开朗明净的空间。草地植物的种植形成立面效果,和地形平面也是自由曲线形的。在现代园林中,园林中的草地、水面、树林等形成的面也采用自由的曲线形平面,在很多地方和几何形曲线平面结合使用,甚至有的自由曲线形平面在某个边结合几何形来设计,将人工和自然完整地结合起来。

(四) 体

体是面移动的轨迹,是面围合所形成的三维空间。立体的种类从大的方面可分为三类,即直线系形体、曲线系形体和中间系形体。由于人是通过朝向自己的若干个面来观察体的,立体的表情就是围合它的各种面的综合表情,因而立体构成规律原则上和面是一致的,它的特殊性在于人在四面移动观察一个体时会产生四维空间。

概括地说,点、线、面、体是用视觉表达实体空间的基本要素。生活中我们所见到的或感知到的每一种形体都可以简化为这些要素中的一种或几种的结合。

二、形态

(一) 形态与设计

对于形态的分析,最终要落实到设计与艺术创作上来。自然形态对设计物象外表的影响,体现着一种对生态设计的态度。从大自然的一些生物基本形态乃至在宇宙的宏观抽象构造里,设计师们都可以发现自然的构成秩序、和谐之美。自然的一切构成动态与静态的和谐,而和谐对人类产生了美的意味,从而形成美的形式法则。在一件优秀的设计作品中,涉及对"变化与统一""对比与协调""对称与均衡""比例与尺度""节奏与韵律"等形式法则的运用,最终的目的是和谐。人类的设计行为应当表现出对这种和谐的尊重,而不是对和谐的轻视与破坏。中国传统的"和合"观也应成为设计的要旨,如图2-2所示的叠石造景就体现了中国传统的"和合"观。

第二章　景观规划与设计的基本要素

图 2-2　叠石造景

（二）自然形态与抽象形态

自然形态是普遍可见的现实，是创造性设计活动的源泉之一，是灵感激发的动机之一，是形成设计的形态风格和语言形式的文本之一，因此在设计中的应用极为广泛。

通常所理解的自然形态是指自然界本身具有的形态，即自然界中存在的有机形态和无机形态，如日、月、山、川、植物、动物等，现实中存在的形态是人类艺术创作的根源。这些有形的自然元素无论在形状、质感还是色彩上都会使人产生某种联想，成为设计创作的原体，景观设计师在具体创作过程中可以受到有益的启发。

抽象形态是对具象形态的高度升华和概括，是在认识自然过程中，对客观存在由感性到理性发展的视觉创造。抽象形态的点、线、面、形、色等的变化能够体现出人的情感，如在中国的国画艺术中简练抽象的线条能勾勒出人的丰富的思想和精神。

三、空间

（一）空间与空间形态

对于景观设计师来说，空间的概念是非常重要的，既然"空"是虚无，"间"是空隙，而两个物体（或两个事物）之间才有空隙，可见空间的形态必须依赖有形的实体，用有形的物体来限定广漠、无形的空，使无限变成有限，无形变成有形，才能形成可以利用的空间。例如，在传统集市上的广阔空间中，小商贩用属于自己的一块布铺在地上，就限定了他可以利用的经营场所，改变了原来集市空间的状态。

空间是设计的核心。从构成的角度讲，空间形态是指由物体所限定的或所包围的三次元空间，即可感知的有形的空间，是由实体和空虚共同组成的。空间形态的基本特征如下。

①空间的限定性。空间形态必须借助实体来限定才能形成。通过限定，把空虚变成视觉形象，才能从无限中构成有限，使无形化为有形。

②空间内外的通透性。空间形态的创造目的是满足人们的各种应用需求，如居室的空间是为了居住，容器的空间是容纳东西，各种不同的容纳都涉及空间内外的流通，故空间必须具有内外的通透性。一个完全封闭的空间，与外界没有联系，所以在视觉上只能算是一个实体，而不具有可以使用的空间。

③空间可感知的内部性和外部性。由于空间具有内外的通透性，人们对空间的感知就有两种情况，即外部感知和进入内部的感知。进入内空间之前，可以看到空间形态的外表面的组合，体会不到内部空间气势变化的特点，这种情况可以与观察立体形态相同，主要运用视觉和触觉去感知。而对于内空间形态，则主要靠视觉和运动，可以完整地感受空间的变化气势，如高大宽敞的空间气势雄伟，有庄严、神圣之感，可用作会议厅等，而尺度适当的空间则相对亲切，有宁静、舒适之感，可用作居室等。

（二）空间形态的构成方法

空间形态的形成是依靠实体的限定完成的，因此空间形态的形成方法，即可转化为立体的限定方法。限定一个空间可以从两个方面来完成：一个是垂直方向，另一个是水平方向。

1. 水平方向

用水平方向的构件限定空间的方法有覆盖、肌理变化、凹凸和架起。

①覆盖。覆盖是形成内部空间感的重要手段之一。覆盖使内部空间获得庇荫，因此在空间上、功能上和场所中都是一种重要的限定方式。建筑物、构筑物、植被、设施等都可以成为覆盖。

②肌理变化。利用地面上的肌理变化来限定空间。这种限定主要是靠人的心理感受来完成的，空间的限定度极弱，起到抽象的空间提示作用。如应用不同的铺装材料来划分空间，这样划分不能够严格区分空间的使用功能。

③凹凸。"凸"是指将部分地面突出于周围的空间，是一种常用的空间限定的方法，所限定的空间的情态特征也较明朗活跃。运用高差产生凸起或下凹，通过改变地面的高差来完成限定，被限定空间因而得以独立。"凸起"限定出来的空间易成为视觉焦点；反之，"凹"是使部分地面低于周围的空间，往往具有较强的安全感。通常凹与凸是景观设计中常用的处理方式。

④架起。利用水平构件将空间纵向分割而架起的空间位于上部，同时在架

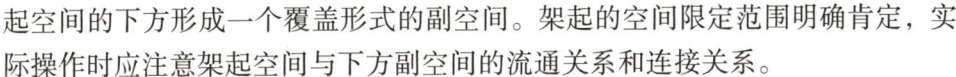

起空间的下方形成一个覆盖形式的副空间。架起的空间限定范围明确肯定，实际操作时应注意架起空间与下方副空间的流通关系和连接关系。

2. 垂直方向

用垂直方向的构件限定空间的方法有围和设立。

①围。围是空间限定最典型的形式。由于包围的程度不同，创造空间的情态特征也不同。全包围限定度最强，形成的空间比较封闭，从而具有强烈的包容感和居中感，人处于此类空间拥有安全感，空间情态私密性强，当空间的尺度较大时，空间便具有庄严雄伟的特征。当在全包围的侧面打开一个开口时，开口处就形成了一个虚面，在虚面处可产生内外空间的流通和共融的趋势，造成向内空间的强烈吸引，开口越大，流通性就越强。双开口形成方向，空间形态具有指引性。若强调方向的轴线性，则空间形态的纪念性增强，而减弱轴线性时，则空间形态显示活泼的特点。多开口形态形成的空间具有强烈的内外空间的通透性，内空间的居中感和安全感消失，而外空间则具有一定的聚合力。开口越多越大，外部的聚合力越强，内部的限定性越弱。

②设立。将物体设置在指定空间中的某一场所，从而限定其周围的局部空间，这种空间限定的形式被称为设立。设立是空间限定的最简单的形式。设立仅仅是视觉和心理上的限定，不能够确定具体肯定的空间，因而设立所形成的空间没有明确的形状和尺度，空间的大小是由实体形态的力、势、能等因素决定的，而实体也往往具有标志性。因此，在实际训练中，实体的形状、大小、色彩、肌理等方面的设计十分重要。例如，广场纪念碑的碑体设计对其周围空间的大小和氛围具有直接的影响。

（三）空间形态的组织

空间是独立的空间，而现实中完全独立的空间是不存在的，它总要和周围的空间一起发生作用，相互制约，相互协调，因此就涉及对多个空间单元进行组织编排的问题，即空间的组织。空间组织合理，使用时会感觉到方便，同时体现出空间设计的思想和意图；相反，空间组织不合理，则会给人以杂乱无章的感觉。

对多个空间进行组织编排，主要取决于两个方面，即各个空间单元各自体现的不同使用功能和空间的功能发生的前后次序。依照这两个方面的影响，对多个空间的组织有以下几种空间序列形式。

1. 并列空间

各个空间单元功能相同或者虽功能不同却没有主次关系，则组织成并列空间的形式。如停车楼里的每间停车室的功能基本相同，形成并列空间的形式。并列空间的各个空间单元的形式一般是近似的，相互之间没有主次关系。

2. 序列空间

各个空间单元体现的功能有明确的前后次序，则组织成序列空间的形式，如纪念性的空间、展览性和观赏浏览性的空间等。这类空间的组织必须使人依一定的次序通过各个房间，通过这种次序关系的组织操作把人的活动有目的地依次连接起来，创造出一个严谨而又完整的系列过程。

3. 主从空间

各个空间单元使用功能的重要性有明显的主次之分，则可以组织成主从空间。主从空间的形态关系是在比较中得到的，是相对的。实际操作中主景所在的空间一般处于主要的位置，往往主空间尺度较大、位置居中的空间处理得较详细，相对于其他空间即可形成主从空间。

四、质感

（一）质感的意义与趣味

质感指视觉或触觉对不同物态（如固体、液体、气体）特质的感觉，是由于感触到素材的结构而产生的材质感。例如，我们从粗糙不光滑的质感中感受到的是野蛮的、缺乏雅致的情调；从细致光滑的质感中感受到的是优雅的情调。从金属上感受到的是坚硬、寒冷、光滑的感觉；从布帛上感受到的是柔软、轻盈、温和的感觉；从石头上感受到的是沉重、坚硬、强壮的感觉。

质感可以分为人工的和自然的、触觉的和视觉的。不同物态表面的自然特质，称为天然质感，如空气、水分、草木、岩石和土壤等；物体经过人为改造而呈现的表面感觉，称为人工质感，如金属、陶瓷、玻璃、塑胶、呢麻、绸布等。不同质感给人以软硬、粗细、光涩、枯润、韧脆、透明和浑浊等多种感觉形式。质感还因为素材与人们的距离不同而不同。例如，用花岗岩碎石预制的混凝土板嵌砌的外墙，从近处看有粗涩的触觉质感，但从远处看时，由于硅酸盐水泥板的接缝，产生光滑视觉质感，如图2-3、图2-4所示。

图2-3 太原植物园之一

图2-4 太原植物园之二

（二）景观设计中质感的表现遵循原则

1. 充分发挥材质固有的美

材质本身固有的感受给人一种真实感、细腻感，可以营造出丰富的视觉感受，因此质感是景观设计当中一个重要的创作手段，在设计中应该强化其特征，用简单的材质，创造出不平凡的景观，体现出设计的特色。

2. 多手法表现主题景观

质感调和可以是同一调和、相似调和、对比调和。如选择地砖、卵石和磨石等丰富的材料进行地面铺装，由于材料的质感具有粗糙、朴实的共性，因此既可形成丰富的特性，同时又具有协调的感觉。质感的对比是提高质感效果的最佳方法之一。质感的对比能使各种素材的优点相得益彰。在设计中可在庭园中点缀石头和踏步石，有的布置在苔藓中，有的布置在草坪中，还有的布置在水中，都是根据庭园的环境、规模、表现意图等设计的。但在一般情况下，草坪和石头的配合不如苔藓同石头配合更为优美，这是由于石头坚硬强壮的质感与苔藓柔软光滑的质感的对比，让人从不同素材中看到了美。

3. 突出表现质感

根据质感表现所产生的质感美是众所周知的。若能做到看上去像无意识使用的，则其美的程度会更突出。砌石和铺石的接缝似乎应有意地做得明显一些，否则，接缝过于细弱，则设计意图含糊不清便成了没有着落的东西。园林中的质感要粗糙刚健，砌缝要强而有力。利用石料和木材这类自然素材的设计特别应如此。在设计中外部空间中的尺度、模数，要比室内空间扩大10倍左右才合适，因此质感也会因粗糙刚健而有良好的配合。在景观设计中，常可利用未经加工的天然石材，这种简单的材料给人以朴实自然之感，给人以无尽的想象。

可以借助材料的硬度、重量、表面肌理、色彩触感和距离等，通过塑造手段来表现不同环境中人的情感。材质永远是景观设计师追求和利用的设计因素，而材料的更新又为景观设计提供了更广阔的空间，如图2-5所示。

图 2-5 太原植物园

五、色彩

色彩学在景观设计中的应用主要体现在空间环境的创造和氛围的营造上。同质量、结构等硬性指标相比，色彩在软环境的塑造上发挥着重要作用。通过对整个景观环境统一规划，合理地运用色彩能够给人们带来视觉上的审美享受，同时，运用得当的色彩可以起到美化环境、满足人们游憩需求的作用。

（一）色彩的生理作用

色彩是设计的重要视觉媒介。研究证实，色彩具有生理、心理等方面的特征，给人们带来不同的影响。人们总是用视觉来最先感受环境以及色彩，色彩处理不仅影响着视觉美感，而且影响着人的情绪及工作生活效率。研究发现，当人置身于绿色的环境中时，皮肤温度可降低 1～2℃，脉搏每分钟可减少 4～8 次，呼吸减慢，血压降低，心脏负担减轻。因此现在在一些休息场所或景观环境的设计中，需要的是宜人的、舒适的、平和的气氛，这时就可以以自然环境色彩为主，多采用绿色作为主体色，从而满足人们较长时间休息的生理需要。从生理学角度来讲，最佳色彩有淡绿色、淡黄色、天蓝色、浅蓝色、白色等。任何色彩不可能是完全适宜的，但色彩性疲劳可以通过调换成其他色彩来减轻。

（二）色彩的心理效应

在色彩学中，把不同色相的色彩分为暖色、冷色和中间色。从红紫、红、橙、黄到黄绿色称为暖色或积极色，以橙色为最热，具有温暖、热烈、充实、华丽、扩张等感觉；蓝、蓝紫、蓝绿色为冷色或消极色，以蓝色为最冷，具有寒冷、静态、平和、收缩、凉爽等感觉；紫色、绿色、绿黄是中性色，具有温和、暧昧的特点。因此色彩可改变人们对空间冷暖温度的感知。暖色调会让人有温暖的感觉，冷色调会让人有清凉的感觉。

1. 冷色系的色彩

冷色在色彩理论中主要是指蓝色、青色以及邻近的色彩。由于冷色波长较短，可见度低，在视觉上有很远的感觉。在景观设计中，对一些空间较小的环境边缘，可根据情况采用冷色或倾向于冷色的植物，可增加空间的深远度或视觉上的远近感，同时在面积和体积上冷色有收缩感，同等面积的色块，在视觉上冷色比暖色面积感要小，在景观的设计中，要使冷色与暖色获得面积同样大小的感觉，就必须使冷色面积略大于暖色面积。

2. 暖色系的色彩

暖色系主要是指红、黄、橙三色以及这三种颜色的邻近色。暖色系色彩波长较长，可见度相当高，色彩感觉比较跳跃，是一般景观设计中比较常用的色彩。红、黄、橙色在人们的审美情趣中象征热烈和欢快，在景观设计中多用于庆典或景区中心点，如广场中心花坛，庭院的中心景点和交通要道、中心花坛等，给人朝气蓬勃的欢快感。暖色有平衡心理温度的作用，因此在北方的寒冷地区，应多采用温暖、鲜艳的色彩，如图 2-6 所示。

图 2-6　暖色系空间

3. 对比色

对比色在景观设计中适用于广场、游园、主要入口和重大的节日场面。利用对比色组成各种图案和花坛、花柱、主体造型等，能显示出强烈的视觉效果，给人以欢快、热烈、兴奋、鼓舞等视觉审美感受。例如，国庆庆典的北京天安门广场上，以对比色块组成的大型花坛、图案造型，给人热烈、鼓舞和兴奋的感觉。常用的方法是把不同色相的植物按设计的块形或图案，使用二方连续、四方连续或独立形体中的面线对比的构成方式进行设计。对比色在自然风格的造景中也多有使用，但常用单株植物而不是色块。但在一些比较严肃的地方（如政府机关）要使用得当，不宜过多地使用比较强烈的对比色，以免影响其庄严的气氛。

4. 同类色

同类色也称同种色，是指色相差距不大，比较接近的色彩，在色轮表上指的是各色相的邻近色，如大红、朱红、土红、深红、普蓝、紫罗兰等。这些色彩在色相、明度、纯度上都比较接近，因此在景观设计上使用此类色彩容易把场景布置得协调，在植物组合中能体现其层次感和空间感，在心理上能产生柔和、宁静的高雅感觉。

5. 黑白色彩

黑色和白色在色彩中亦称为极色，在景观项目的设计中使用率非常高，特别是经常使用在护栏、围墙等的设计中，如上海、南京、苏州等地沿街围墙、局部护栏等均以黑色铸铁的花格图案构成，这些黑色的护栏、围墙与五颜六色的环境形成对比，给人以高雅、端庄的稳定感，同时它的色彩比较稳定，持续时间长。此色彩系列在园林景观环境中的作用主要是装饰、点缀、增加文化内蕴。此环节设计失败，会降低整个景观设计的整体效果；反之，则能十分有效地提升景观设计的整体效果，弥补和淡化其他设计的不足，起到画龙点睛的作用。

总之，社会的发展推动着人类物质文明和精神文明不断提高，人们对于美的追求也越来越强烈。景观设计中对于色彩的运用，其艺术思潮和风格也在不断发生变化，地面铺设、植物配景、建筑雕塑等的色彩运用中都呈现出丰富多彩的景象。

（三）景观色彩设计中应遵循的原则

1. 色彩与景观功能相适应

不同的景观是为了满足不同的需要而设计，而不同的功能对景观空间环境的需求不同，因而不同的景观对色彩的设计要求也不同。要根据观察者的心理需求和心理反应来使用颜色。在景观环境中，纪念性建筑、烈士陵园等景观场所，营造的气氛是庄重的、肃穆的、严肃的，这时较为稳重的冷色系中的类似色的色彩设计可以营造出相应的气氛；而娱乐性空间，如主题公园、游乐园等则需要营造出活跃的、热烈的、欢快的气氛，这时就应该充分利用亮度和彩度比较高的对比色来形成丰富的视觉效果；在安静的休息区，需要的是宜人的、舒适的、平和的气氛，这时应该采用以近似色为主，同时较为调和的色彩进行设计，可以以自然环境色彩为主，同时要有一些重点色形成视觉的焦点，从而满足人较长时间休息的心理需要。

2.色彩与服务人群主体相和谐

不同的人对色彩的喜爱有不同的偏好，例如，为儿童设计的色彩，应该采取彩度较大的暖色系，符合儿童喜爱鲜艳、温暖色彩的心理；为老年人设计的景观，应采用稳重、大方、调和的色彩，以符合老年人的心理需求；在炎热地区，应该采取让人感到凉爽和宁静的色彩，而北方寒冷地区，则应采用温暖、鲜艳的色彩。

因此，在景观环境设计中，对于物体色彩的设定都不是以某种单一的表现方式来展现的，而是要通过色彩与色彩的搭配、组合以及渐变等手法来形成丰富的视觉及心理感受，为人们提供多层次、多方位、多情感的色彩艺术空间。

第二节　景观规划与设计的构成要素

一、地形与植物

（一）景观规划的地形要素

1.地形的含义

地形指的是地球表面三维空间的起伏变化，具体指地表以上分布的固定性物体共同呈现出的高低起伏的各类形态。简言之，地形就是地表的外观，是外部环境的地表因素。

第一，地形是一个实用要素，它是景观设计基本的场地和形态基地，起着骨架和定位空间的作用，能引导观景，同时还可以承载场地排水的功能；第二，地形还是一个美学要素，可以塑造出优美动人的景观供人们欣赏，如著名的喀斯特地貌和丹霞地貌。地形对任何规模的景观的韵律和美学特征都有着直接的影响，还会影响人们对户外空间的范围和气氛的感受。

2. 地形设计的一般原则

景观地形设计应全面贯彻"适用、经济、美观"的总原则，同时应遵循以下七个原则。

①因地制宜，顺其自然。"因地制宜，顺其自然"即所谓的"自成天然之趣，不烦人事之工"。因地制宜就是要"高方欲就亭台，低凹可开池沼"，以利用为主，结合造景及使用需求进行适当的改造，减少土方工程量，降低工程造价。

②合理地处理景观环境中地形与周围环境的关系。景观环境内外地形之间有整体的连续性，而不是孤立存在的。在设计时要注意与周围环境的协调关系。周围环境封闭，整体空间小，地形起伏不宜过大；周围环境规则严整，地形以平坦为主。

③景观地形设计还应满足各种使用功能的要求。在景观环境中，开展的活动内容很多。不同的活动对地形有不同的要求。例如，游人集中的地方和体育活动场所，要求地形平坦；划船或游泳需要有河流湖泊；登高眺望需要有高地山冈；文娱活动需要许多室内活动场地；安静休息和游览赏景则要求有山林、溪流等。

④满足景观要求。在景观地形设计时，要考虑利用地形组织空间，创造不同的立面景观效果，山坡地可将景观空间划分为大小不等的开敞或封闭的各种空间类型，使景观的立面轮廓线富于变化，同时要注意使地形符合自然规律与艺术要求。山坡角度在自然安息角以内，坡度最好南缓北陡，东缓西陡或西缓东陡，山水之间是相依相抱、水随山转的自然依存关系。总之，要使山水诸景达到"虽由人作，宛自天开"的艺术效果。

⑤满足景观工程技术的要求。地形设计要符合稳定合理的技术要求，保证地形设计的效果持久不变，符合设计意图，并有安全性。

⑥满足植物种植的要求。不同的设计地形，为不同生态条件下正常生长的各种植物提供了不同的生长环境，使环境景色美观丰富。较低凹的地形，可挖土堆山，抬高地面，以适宜多数乔、灌木的生长。利用地形坡面，可创造一个相对温暖的小气候条件，满足喜阳植物的生长要求。

⑦土方要尽量平衡。设计的地形最好使土方就地平衡，根据需要和可能全面分析，多做方案并进行比较，使土方工程量达到最小限度，节省人力，缩短运距，降低造价。

3. 地形的类型

地形可以通过各种方式和途径加以归类和描述，其中分类标准包括规模、形态及地质构造特征。按地形的规模，我们可以将地形划分为大地形、小地形和微地形三类。

（1）大地形

在自然式景观中，由于地形的自然起伏形成了复杂多样的地形类型，如山地、高原、丘陵、盆地、草原及平原等，这些被称为"大地形"。

①山地。海拔在500 m以上的高地，起伏很大，坡度陡峻，沟谷幽深，一般多呈脉状分布。它有别于单一的山或山脉，特指众多山所在的地域如图2-7所示。

图2-7　山地景观

②高原。海拔在500 m以上，地形开阔，周边以明显的陡坡为界，相对比较完整的大片高地。

③丘陵。海拔高度不超过500 m，相对高度一般在100 m以下，相对高差不超过200 m，地势起伏，坡度和缓的低矮山丘。

④盆地。一般分布在多山的地表上，但低于周围山地，呈中间相对凹下、四周高的盆状地表形态。

⑤草原。广义的草原包括在较干旱环境下形成的以草本植物为主的植被，主要包括两大类型，即热带草原（热带稀树草原）和温带草原；狭义的草原则只包括温带草原，因为热带草原上有着相当多而广泛的树木。

⑥平原。地势低平坦荡、面积辽阔广大的陆地。根据平原的高度，把海拔0～200 m的平原称为低平原。

（2）小地形

从相对规则的园林景观范畴来讲，由于不同标高的地坪、层次，地形会形成包含平地、土丘、台地、凹地、斜坡、台阶和坡道等所引起的水平变化的地形。

①平坦地形。平坦地形是指坡度小于3%的平坡地和坡度为3%～10%的缓坡地，地势平坦开阔，是在视觉上总体看来与水平面相对平行的土地基面。平坦地形视线开阔，容易形成连续的视觉景观，具有一种强烈的视觉连续性和统一感。

②凸地形。凸地形是一种具有动态感和进行感的地形，其表现形式有土丘、丘陵、山峦及小山峰。它本身具有一种成为焦点或支配物的特性，既是一种正向实体，同时也是一种负向的空间，即被填充的空间。

③凹地形。凹地形在景观中被称为碗状洼地，也叫盆地。它并非一片实地，而是实际有围合感的空间。凹地形的形成一般有两种方式：一是地面某一区域的泥土被挖掘而形成；二是两片凸地形并排在一起而形成。凹地形是一个具有内向性和不受外界干扰的空间，有集聚性，通常给人一种封闭感和私密感，在某种程度上也可起到不受外界侵犯的作用。

④山脊。与凸地形类似，等高线由海拔较高处向海拔较低处凸，山脊总体上呈线状，可限定户外空间边缘，也能提供一个具有外倾于周围景观的制高点。沿脊线有许多视野效果佳的供给点，是理想的建筑选址地。

⑤山谷。谷地综合了某些凹地形的特点，与凹地形相似。等高线由海拔较低向海拔较高处凸。谷地在景观中也是一个低地，具有实空间的功能，可进行多种活动。但它也与山脊相似，也呈线状，也具有方向性。谷地在平面图上的表现是等高线上的标高点，是向上指向的。

（3）微地形

在绿地或沙丘上有微弱的起伏和波纹或在道路与场地上呈现不同质地变化的地形称为微地形。它用地规模相对较小，在一定范围内承载树木、花草、水体和园林构筑物等物体及地面起伏状态，是人工模拟大地形态及其起伏错落的韵律而设计出的面积较小的地形。微地形不仅指模仿大地肌理的一块块绿地，也指高低起伏但起伏幅度不太大的坡地。微地形包含凸面地形、凹面地形、坡地、土台、土丘、小型峡谷，还包含适宜人们活动利用的台地、嵌草台阶、下沉广场等。

（二）景观规划的植物要素

1. 植物在景观中的功能

①生态效益。植物可以净化空气、水体和土壤。植物可以吸收空气中的尘埃、有害气体和杀菌，也可以调节大气温湿条件。植物通过叶片的蒸腾作用，

调节空气的湿度，从而改善城市小气候，使人们具有舒适感。植物也可以减少城市中的噪声污染。通过科学的绿地设计，还能在生态视角下进行景观规划与设计，使景观中的植物发挥防灾避难、保护城市人民安全的作用。

②社会效益。作为一种软质景观，植物可以柔化建筑生硬的轮廓，达到美化城市的效果，同时也可以美化城市环境，提升城市形象，展现城市风貌。优秀的植物景观也可以陶冶情操，提供日常休闲、文化教育、娱乐活动的场所。

③经济效益。许多植物具有很高的经济价值。比如，果树中的桃、梨、梅、樱桃，香料树种茉莉、桂花、白玉兰、香水月季，药用植物金银花、白菊、石榴、杜仲、银杏等。

2. 植物配置的原则

①以本土树种为主，外来树种为辅，尤其是乔木，但这并不意味着对外来树种的排斥。充分运用本土树种，不仅可以使树木生长繁茂，而且具有浓郁的地方特色。

②积极引种驯化，丰富当地树种。如杭州悬铃木、雪松、广玉兰和龙柏都是外来树种，通过近百年的栽培，在我国许多地方都能良好生长，深受群众喜爱，可以在植物配置中广泛应用。

③以乔木为主，乔、灌、草以及花卉相结合。

④植物配置所形成的风格必须与园林规划风格相一致。

⑤植物的布局和配置，务必考虑植物的生物学特性和生态要求，做到因地制宜，因情制宜，适当植树。

⑥要自觉地运用生态学观点去配置植物，重视植物人工群落的稳定性，在选择和确定配置密度上都要予以慎重考虑。

⑦要根据构景要求进行配置，如做主景、配景、背景、前景、隔景、框景、漏景、夹景、障景等，由于构景要求不同，在选择和配置植物时，也应有所不同。

⑧植物与建筑物、构筑物、道路、广场、山石、水体结合，力求与环境相协调，甘当配角，如图2-8所示。

图 2-8　植物配置

3. 景观植物的类型

①乔木。一般来说，乔木体形高大，主干明显，分枝点高，寿命比较长。依其体形高矮常分为大乔木（20 m 以上）、中乔木（8～20 m）和小乔木（8 m 以下），依一年四季叶片脱落状况又可分为常绿乔木和落叶乔木两类。叶形宽大者，称为阔叶常绿乔木或阔叶落叶乔木；叶片纤细如针或呈鳞形者，则称为针叶常绿乔木或针叶落叶乔木。乔木是景观环境中的骨干植物，无论在功能上，还是艺术处理上，都能起主导作用。

②灌木。这类树木没有明显的主干，多呈丛生状态，或自基部分枝。一般体高 2 m 以上者为大灌木，1～2 m 者为中灌木，高度不足 1 m 者为小灌木。灌木能提供尺度亲切的空间，屏蔽不良景观，或作为乔木和草坪之间的过渡植物等。灌木的线条、色彩、质地、形状和花是主要的视觉特征，其中以开花灌木观赏价值最高、用途最广，多用于重点美化地区，如图 2-9 所示。

图2-9　开花灌木

③藤本植物。藤本植物指具有细长茎蔓，并借助卷须、缠绕茎、吸盘或吸附根等特殊器官，依附于其他物体才能使自身攀缘上升的植物。其根可生长在最小的土壤空间，却能产生最大的功能和艺术效果。

④竹类植物。禾本科竹亚科常绿乔木、灌木或藤本状植物、秆木质植物。通常浑圆有节，皮翠绿色，但也有方形竹、实心竹和茎节基部膨大如瓶、形似佛肚的佛肚竹以及其他皮色的竹类植物，如紫竹、金竹、斑竹、黄金间碧玉竹等。

⑤花卉。花卉指姿态优美、花色艳丽、花香馥郁和具有观赏价值的草本和木本植物，通常多指草本植物。草本花卉是景观环境建设中的重要材料，可用于布置花坛、花镜、花缘，扎结花篮，制作花束，盆栽观赏或作地被植物使用，而且具有防尘、吸收雨水、减少地表径流、防止水土流失等功能。很多花卉还可以靠香味杀菌，或用于提取香精。根据花卉的生活习性和生态习性，可将花卉分为一年生花卉、二年生花卉、多年生花卉和水生花卉。

⑥草坪植物。草坪植物指景观环境中用以覆盖地面，需要经常修剪但仍能正常生长的以禾本科植物为主的草种。它们在景观植物中，属于植物株最小而质感最细的一类。草坪植物可分为暖地型和冷地型两大类。

二、水体与道路

（一）景观规划的水体要素

水体在景观设计中是创作的一个要素，可以构成许多优美的环境和渲染宜人的气氛。景观设计中，水体一般有三种基本形态：面的形态，构成背景；线的形态，形成网络；点的形态，作为景观焦点。水体点、线、面的组合，可以创造出丰富多彩的景观。在西方景观环境中，景观水体多为几何组合型，而在东方景观环境中，则多为自由组合型。

1. 流水与静水

（1）流水

景观设计中的流水多为溪流，一般呈狭长形带状，曲折流动，水面有宽窄变化，如图 2-10 所示。溪中有河心滩、三角洲、河漫滩，岸边和水中有岩石、矶石、汀步、小桥等，岸边有若近若远的自由小路。若要表现幽静深邃的水流，水的形态应为线形或带状，水流与前进方向平行，空间应狭窄，岸线要曲折，利用光线、植物等创造明暗对比的空间，注意跌落间距和高差的变化，利用跌落产生音乐般的效果。若要表现水流的跃动感，创造欢快、活泼的水流，水体应有 1%～2% 的坡度，有趣味的水体，坡度在 3% 内变化。水体突然变窄会产生湍急汹涌的水流，水体平滑等宽会产生缓缓流畅的水流，水体变宽，水流缓慢、平稳、安静。河床的凹凸不平、高低起伏能引起流水急缓变化，水体的平坦和凹凸不平可以产生不同的景观效果。在景观环境中，溪流的上游河底粗糙，存有大块的石块；下游的石块较少，即使有个别的石块，体量也较小，河底平坦。流水中置石的方式不同，也会产生不同的效果。

图 2-10　流水景观

（2）静水

静水一般是指成片状的水汇集的水面，在景观中常以湖、海、池、泉的形式出现，如图2-11所示。静水宁静、祥和、明朗，但也富于动感，蕴含着丰富的意境和无限的生命力。静水通过其平静的表面，可反映出周围物象的倒影，增加空间的层次感，给人以丰富的想象空间。在色彩上，静水能映射出周围环境的四季景象，表现出时空的变化；在风的吹拂下，静水会产生微动的波纹或层层的浪花，表现出水的动感；在光线的照射下，静水可产生倒影、逆光、反射等现象，使水面变得波光粼粼，色彩缤纷。

图2-11 静水景观

一般情况下，池水景观的尺度宜小不宜大，宜简不宜繁。可能的情况下，可在水中栽植水生植物或放置浮岛，也可在水中养鱼。水池岸边宜种植色彩鲜艳的植物。

2.落水与喷泉

（1）落水

落水包括瀑布和跌水。水体从悬崖或陡坡上倾泻下来，形成的水体景观称为瀑布。一般而言，瀑布由背景、上游水源（蓄水池）、瀑布口、瀑身、瀑潭、观景点、下游排水组成，如图2-12所示。

图 2-12 跌水景观

瀑布口的形状直接影响瀑身的形态和景观的效果。如果出水口平直，则跌落下来的水形也较平板，像一条悬挂在半空的白毛巾，动感较少；如果出水口平面形式曲折，有进退的变化，而出水口立面又高低不平，则跌落下来的水就会有薄有厚，有宽有窄，这对活跃瀑身水的造型大有益处。从出水口开始到坠入潭中为止的这段水称为瀑身，是人们欣赏瀑布的主要部分。岩石的种类、地貌的特征、上游水量和环境空间的性质等决定瀑布的气质，或轻盈飘舞，或千雷齐鸣，或万马奔腾，或江海倒悬。不同类型的瀑布应选取不同位置的观赏点。对于垂直瀑布来说，希望表现它的高，以仰视为好，观赏点宜近；对于水平瀑布来说，希望表现它的宽，以平视为佳，观赏点宜远。瀑布上跌落下来的水，在地面上形成一个深深的水坑，这就是瀑潭。这里应布置大大小小的岩石。瀑潭的大小应能正好承接瀑布流下来的水。

跌水是瀑布的另一种表现形式，它是在瀑布的高低层中添加一些障碍物或平面，使瀑布产生短暂的停留和间隔。跌水产生的声光效果比一般的瀑布更加丰富多变，更加引人注目。合理的跌水应模仿自然界溪流中的跌落，不宜过于人工化。

（2）喷泉

喷泉主要由水源、喷水池、喷头、管路系统、灯光照明和控制系统等组成，如图 2-13 所示。

图 2-13 喷泉景观

喷泉是以喷射优美的水形取胜，整体景观效果取决于喷头嘴形及喷头的平面组合形式。现代喷泉的造型多种多样，有球形、蒲公英形、涌泉形、扇形、莲花形、牵牛花形、直流水柱形等。平面组合是结合水池环境的平面形状来造景立意的。由于光、电、声波及自控装置已在喷泉上广泛应用，因此，除普通喷泉外，还有音乐喷泉、间歇喷泉、激光喷泉等形式。为了避免北方冬季喷泉无法喷射，同时弥补水池底及喷泉水管、管头外露不美观这一缺陷，近年来还出现了隐蔽式喷泉（旱喷泉）。旱喷泉的喷水设施均设在地下，地上只留供水流喷出的小孔或窄缝，有水喷射时美观，无水喷射时人们可在铺装场地上活动。

（二）景观规划的道路要素

道路是景观的骨架和脉络，是构成景观的重要因素。

1.景观中道路的功能

（1）组织交通

景观道路担负着与外界道路相联系，集散人流、车流的作用，同时要满足日常养护管理的交通要求。

（2）引导游览

根据不同游人的需要组织不同内容的游览，并对景观的展开和观赏程序起着组织的作用。

(3)组织空间、构成景色

道路能起分景和组织空间的作用,它的线形和铺装可与园林植物、建筑、山水等构成各种富于变化的美景,所以布置得好的道路,既是路,也是景。

2. 景观道路的类型

景区游览道路按功能可分为主要道路(主干道)、次要道路(次干道)和游憩小路(游步道)三种类型。

(1)主要道路

主要道路是供大量游人行进的主要路线,必要时可通行少量管理用车,道路两旁应充分绿化。在城市公园中,主要道路宽度为 4～6 m,一般不超过 6 m,以便形成两边树木交冠的庇荫效果。

(2)次要道路

次要道路是主要道路的辅助道路,分散在各区范围内,连接各景区内的景点,通向各主要建筑。在城市公园中,次要道路路面宽度常为 2～4 m,要求能通行小型服务用车辆。

(3)游憩小路

游憩小路主要供散步休息,引导游人更深入地到达各个角落,如图 2-14 所示。考虑两股人流行走,一般游憩小路宽 1.2～2 m,小径可为 1 m。按路面材料可分为土草路、泥结碎石路、块石路、砖石拼花路、条石铺装路、水泥预制块路、方砖路、混凝土路、沥青柏油路、沥青砂混凝土路等。

图 2-14 游憩小路

3.景观道路的设计原则

（1）主次分明

道路系统必须主次明确，方向性强，使游人感到辨别不困难。主要道路不仅要在宽度和路面铺装上有别于次要道路，而且要在景观的组织上给人们留下深刻的印象。

（2）因地制宜

景观的地形地貌往往决定了景观道路系统的形式。狭长的基地，主要活动设施和各景点必呈带状分布，主要道路必呈带状；有山有水的景区，主要活动设施往往沿湖和环山布置，主要道路必然是套环式的。从游览的角度看，路网的安排应尽可能是环状，以避免出现"死胡同"或使游人走回头路。

（3）疏与密

道路的疏密和景区的性质、地形、游人的多少有关，总的来说不宜过密，如图2-15所示。道路过密不但增加了投资，还容易造成景观分割过碎。

图2-15　游园道路

（4）交通性和游览性

景区游览道路不同于一般纯交通的道路，其交通功能从属于游览要求。对于交通的要求一般不以捷径为准则，总的来看交通性从属于游览性，但不同类型的道路在程度上又有差异，一般主要道路比次要道路和游憩小路交通性要强一些。

（5）交叉口处理

道路交叉口的处理必须注意以下几个方面。

①避免交叉口过多，交叉口应能分出主次，使导引方向明确。

②两条主要道路相交应尽可能采取正交，避免游人过于拥挤，也可形成小广场。

③如两条道路呈锐角斜交，锐角不应过小。

④两条道路成丁字形交叉时，在交点处可布置道路对景。

三、建筑与小品

（一）景观规划的建筑要素

建筑在景观环境设计中具有重要作用。建筑设计牵涉的因素很多，建筑形式丰富多彩。这里主要讨论园林建筑设计的一些问题。

1. 园林建筑的功能

①满足功能要求。各类园林建筑种类丰富，通常都是直接或间接为人们休息、游览活动服务的，以满足人们休息、游览、娱乐、宣传等需求，这也是各类园林建筑最主要的功能。

②组织游览路线和构建风景画面。

园林建筑在组织游览路线方面的作用，概括起来有两种情况：一是在以自然风景为主的外部空间中，园林建筑配合风景布局，形成游览路线的起承转合。沿着游览路线，在人们视线所能达到的地方，园林建筑往往以它所处的有利位置，和它具有的独特造型，为人们展现出一幅幅或动或静的自然风景画面。当体量较大的建筑成为全园的主景时，还可以给人一种"控制""统帅"景观的感觉。二是在以建筑为主的内部空间中，根据功能和艺术的需要，用建筑、廊、墙垣、隔断、栏杆等进行各种空间组合而形成的内部活动路线，沿着这条内部活动路线所展现出的一幅幅画面，主要是以建筑景观为主。

2. 园林建筑的设计原则

（1）满足功能要求

园林建筑的布局首先要满足功能要求，包括使用、交通、用地要求等，必须因地制宜、综合考虑，如亭、廊、舫、榭等游憩建筑，应选择环境优美、有景可赏并能控制和装点风景的地方；餐厅、茶室、照相等服务建筑一般设置在交通方便、易于被发现之处，但又不占据园中的主要景观位置；阅览室、陈列室宜布置在风景优美、环境幽静的地方，另居一隅，以路相通；人流较集中的主要建筑应靠近主要道路，出入方便，并适当布置广场；用于管理的建筑不为游人直接使用，一般布置在园内僻静处，设有单独出入口，不与游览路线相混杂，同时考虑管理方便，应均匀分布，既要隐蔽又要方便使用。

（2）满足造景要求，与自然环境有机结合

在进行园林建筑设计时要善于利用基址，要考虑造怎样的景、怎样利用基址的特点造景等，对于是否有大树、山岩、泉水、古碑、文物等都要调查研究，反复推敲。首先要选择好基址，不同的基址有不同的环境，会造出不同的景观。园林建筑高架在山顶，可供凌空眺望，有豪放平远之感；布置在水边，有"近水楼台"、漂浮水面的趣味；隐藏在山间，有峰回路转、豁然开朗的意境。即使在同一基址上建同样的景观建筑，不同的构思方案，对基址特点的利用不同，造景效果也大不相同。

其次，园林建筑设计还应注意室内外相互渗透，使空间富于变化。例如，可将室外水面引入室内，在室内设自然式水池，模拟山泉、山池，还可将园林植物自室外延伸到室内，保留有价值的树木，并在建筑内部组成景致。

（二）景观规划的小品要素

景观环境中，供休息、装饰、照明、展示的设施和为管理及方便游人使用的小型设施，都可称为景观小品，如图2-16所示。景观小品一般没有内部空间，体量小巧，造型别致，富有特色，并讲究适得其所。它既能美化环境，丰富趣味，为游人提供文化休息和公共活动的方便，又能使游人从中获得美的感受和良好的教益。

图 2-16　景观小品

1. 景观小品的设计原则

景观小品具有精美、灵巧和多样化的特点,设计创作时可以做到"景到随机,不拘一格",在有限的空间得其天趣。

①合其体宜:选择合理的位置和布局,做到巧而得体,精而合宜。

②取其特色:充分反映景观小品的特色,把它巧妙地熔铸在景观环境中。

③立意其趣:根据自然景观和人文风情,做出景点中小品的设计构思。

④求其因借:通过自然景物形象的取舍,使造型简练的小品获得景象丰满充实的效应。

⑤巧其点缀:把需要突出的景物加以强化,把影响景物的角落巧妙地转化成游赏的对象。

⑥饰其空间:充分利用景观小品的灵活性和多样性,丰富景观空间。

⑦寻其对比:把两种差异明显的素材巧妙地结合起来,加以烘托,显示各自的特点。

⑧顺其自然:不破坏原有风貌,做到涉门成趣,得景随形。

2. 景观小品的类型

①休息类小品。即供休息的小品,包括各种造型的靠背座椅、凳、桌和遮阳的伞、罩等。常结合环境,用自然块石或用混凝土做成仿石、仿树墩的凳、桌;或将花坛、花台边缘的矮墙和地下通气孔道作为椅、凳等,如图2-17所示;围绕大树基部设置椅凳,既可休息,又能纳荫。

图2-17 休息类小品

②装饰类小品。其中包括各种固定的和可移动的花钵、饰瓶等,可以经常

更换花卉，又包括装饰性的日晷、香炉、水缸，各种景墙、景窗等，在景观环境中起点缀作用，如图 2-18 所示装饰作用岩石。

图 2-18　装饰类小品

③结合照明的小品。景观灯的基座、灯头、灯具都有很强的装饰作用。
④展示类小品。各种布告、导游图板、指路标牌以及动物园、植物园和文物古建筑的说明牌、阅报栏、图片画廊等，都对游人有宣传、引导的作用，如图 2-19 中多面体上的说明牌。

图 2-19　展示类小品

⑤服务性小品。如为游人服务的饮水泉、洗手池、公用电话亭等;为保护景观环境设置的栏杆、格子垣、花坛绿地的边缘装饰等;为保持环境卫生设置的废物箱等。

第三章 景观规划与设计的基本方法

第一节 概念设计

一、定义

概念设计构思是从随意、开放的徒手画开始的,它表现为一系列创造性的、活泼的、杂乱的示意图。简易的几何线条和随意勾勒的线框、泡泡、箭头及其他抽象符号足以表现平面、剖面图的初步构思。概念设计是以形象进行设计描述,不拘泥于任何设计形式的,抛开技术因素,通过探索和自由联想来表现创意最初阶段的一种方法,它并不是完整的设计形态,而是整个设计过程中的一个环节。它是设计师利用设计概念并以其为主线贯穿全部设计过程的设计方法,其内涵通常体现于设计过程之中。在设计的各个阶段,设计师会遇到如何利用结构来满足功能要求的问题,概念设计实际上就是探讨初期设计构想和机能关系的阶段。此阶段表现为一个由粗到精、由模糊到清晰、由抽象到具体的不断进化的过程。

概念设计通过设计概念将设计者瞬间的感性思维上升到理性思维。在概念设计阶段,不对尺寸关系做精确要求,而是充分调动人类的推理思维及幻想思维,应用节奏、层次、空间、韵律、色彩等设计要素去匹配功能。对于概念设计方案,可以使用彩铅或马克笔进行表现,应使概念构思快速、自由地流露于图纸上,不要为了追求图纸美感反而使思维受限。

在景观设计中,通过概念设计能概括其内在的复杂过程,表达概念设计的意义与内在哲理。景观概念设计有多种形式,一些概念设计方案强调视觉效果,也有一些方案尝试去唤起人们的感觉。艺术哲学概念能表达一个项目的外形美、地域特点、文化内涵,融入使用者的理想、信仰、价值观,真实反映当地文化和个人特点,从而赋予设计超出美学和功能之外的特殊意义。景观中的概念设计引导景观设计者、研究者在美学及技术提升的前提下,创造出更多、更美的原创景观设计作品,在保持全球经济可持续发展的条件下,帮助人类更好地实现生态需求和精神需求。

二、创意与思维方法

目前,概念设计方法通常用于设计前期的构思阶段和设计竞赛中。概念设计的核心是概念创意,概念创意的提出是归纳性思维的结果,因此,发散的设计分析和想法都应扩展和联想并——记录下来,以便能充分应用到设计中。

我们可以运用的思维方法如下。

(一)归纳思维法

对原对象的认知进行系统化整理,从不同思考结果中抽取出共同部分,是一种化整为零、抽象概括设计概念的方法。

(二)联想思维法

在对当前对象进行分析的过程中连带想到许多其他的概念和形象,从而启发思维的灵感,扩展思维的范围。设计者的主体思维差异决定了联想空间的广度和深度。

(三)组合思维法

从两种或两种以上对象中抽取合适的要素重新组合以获得新的事物或形式,它可以为创造性思维提供多种材料和途径。

(四)移植思维法

将某一个领域中的原理、方法、结构、材料、用途等移植到设计领域中,有助于我们扩展思维空间,从而创造出新事物。

三、概念设计的表现方法

景观设计中,由于时间的限制,设计程序会有所简化,其基本概念设计阶段的成果主要包括配置概念图、概念草图以及分析图。

概念设计阶段的任务是探讨初期设计构思,它们大多是类似速写的草图。对于小的个案来说,它只作为设计师自我交谈的方式,是形成下一步设计构想的记录。

表现方法:简易的平面图、剖面图、小速写或者漫画的形式。在配置概念图中可以用泡泡图快速表达出各个区域部分相互联系的方式,分析图中常附带箭头及其他符号来表达所需要表达的概念。

第二节 分析设计

一、总平面图的分析与表达

在景观设计中，总平面图是最重要的部分，设计区域范围内的各种景观要素和景观工程总体设计意图能在总平面图上清楚地反映出来。在项目招投标中，设计专家会对总平面图仔细研究，从而发现问题；在课堂上，教师评阅学生的设计图纸，从总平面图中可以快速了解学生的设计意图及思想；在景观考试中，应试者也要重视总平面图，准确地绘制这一最吸引人注意、最能清楚展示功能和形式关系的图纸。

绘制总平面图需要注意以下几点。

1. 主次分明，整体感强

总平面图中对于重要场地和元素的绘制要比较详细，而对于一般元素则可以简单概括，以达到主次分明的效果。尤其在景观考试中，考生切勿花太多时间绘制单个图例而忽略了画面整体效果。这里需要注意的是，景观考试考察的是设计的整体构思，总平面图上植物图例的绘制，一般只需要区分出乔灌木、常绿落叶即可，专业的种植设计则需要反映具体树种，所以总图上以不同轮廓、尺度和色彩来区分不同树木。

2. 层次丰富，空间感强

总平面图反映的是从空中俯视场地的效果，除了通过线宽、色彩和轮廓来强调主从之外，还可以通过元素的遮蔽来表现，如上层元素遮挡下层元素，以及投影来增强画面的空间感。我们发现有些绘图者对投影的处理过于草率，一种错误是投影方向不一致，另一种错误是没有经过认真分析，对投影画法不重视，绘制稍微复杂形体的投影时出现明显错误，或者面积过大、过密、无投影。其实通过集中练习，即使复杂的形体，其平面投影也是很容易画出的。

3. 选用恰当的图例表现设计元素

所选图例不仅要符合制图规范，还要简洁美观，其形状、线宽、颜色要有合理的处理。绘图时采用不当的图例会影响总体功能布局的展示，甚至可能造成图纸的误读。

4. 指北针、图例说明、比例尺不可忘

①指北针。通常，图纸的放置是上北下南，因此指北针的方向应与图纸北

向一致，即使倾斜也不要超过45°。指北针的画法有许多种，在景观设计中，建议选用简洁的指北针图例（见图3-1），这样绘制起来也方便省时。

图3-1　指北针

②比例尺。分为数字比例尺和图形比例尺两种。图形比例尺比较直观，且能和图纸一起扩印和缩印，一般结合指北针来画（见图3-2）；数字比例尺方便计算，一般标在图名后面。

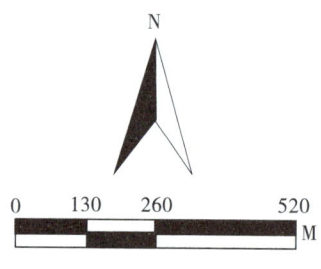

图3-2　图形比例尺

③图例说明。图中所有的图例都应在平面图纸中适当位置画出。为了使图面清晰、便于阅读，可对图例进行编号，然后注明相应的名称。

二、功能分析图及道路分析图

（一）功能分析图

功能分析图的思考先于方案设计，首先要列出景观设计包含的功能区，在此基础上确定其分布，然后勾勒出大概的功能分析图框架。随着方案的深入，功能分析图是需要不断调整的，直到方案确定，才能绘制出完整的功能分析图。在景观设计中，功能分析图的绘制一般用色块来表示。

（二）道路分析图

道路分析图通常包含人行入口、车行入口、主要车行道路、主要步行道路、游园步道、停车场、消防车道、地下车库入口等内容。须注意的是，人行人口、车行入口、车行道路、地下车库入口在规划设计中已经确定，而步行道路及游园步道则根据景观方案确定。在景观设计中，道路入口一般用箭头表示，用不同颜色加以区分。

三、剖面图、立面图及竖向图

景观设计中，竖向空间的表达至关重要，它主要通过剖面、立面、竖向图的方式表达。

（一）剖面图

剖面图可以直观地显示人、活动以及建筑环境，展现景观视野，并能弥补平面图无法显示某些隐藏元素的缺陷。

绘制剖面图，首先必须了解被剖物体的结构，区分剖到的物体和看到的物体，还必须选择好的视线方向以展示设计优点。剖面图显示了被切的表面或侧面轮廓线。绘图者可自行决定需要表现的元素。在景观设计中，要注重景观层次感，可以通过明暗对比营造出远近不同的感觉。

（二）立面图

立面图更接近人们实际观看空间，它表达了水平和垂直方位的关系，使人们更易了解景观元素的实际形象。

立面图的画法和剖面图大致相同，区别是并不画出物体的内部结构。

（三）竖向图

竖向设计用于确定项目高程，形成竖向空间。如公园坡地上下起伏、小区内地面的高低都是竖向设计。由于在实际工程中，建设场地不可能全都满足设想地势，在设计过程中需要对场地进行竖向设计，即对场地进行竖直方向的调整，使之满足建设项目的功能要求。竖向设计是一个非常重要的部分，功能分区、道路设计、景观构筑物的总体布局和安排除了要满足景观设计平面布局要求外，还受到竖向高程的影响，必须兼顾总平面与竖向设计，整体分析和处理各种矛盾和问题，才能保证建设与使用的合理性。

景观设计中，竖向设计有三种表达方法。

①设计标高法。该方法根据地形图上所指的参照面的高程进行标注，高程数字处等高线应断开，数字要排列整齐。假定周围平整地面高为0.00，则高于地面为正，数字前"+"号省略；低于地面为负，数字前应注写"-"号。高程单位为米（m），并保留两位小数。

②设计等高线法。即用等高线表示地面、道路、广场、停车场等地形设计情况。等高线能清楚明了地反映地表起伏和地表形态，应用这种方法能够将设计用地或道路与原来的自然地貌做比较，清楚地判别出地面的挖填方情况。相邻等高线水平距离越小，排列越密，说明地面坡度越陡；相邻等高线水平距离越大，排列越疏，则说明地面坡度越缓。

③局部剖立面。该方法能清楚反映出复杂地形的情况，对于重点地段的地形、坡度、材料结构、构筑物、场地总平面台阶分布等情况的反映最为直观。

四、透视图及鸟瞰图

在景观设计中，平面图、剖立面图、分析图及详图从多个视角反映景观元素的特征，是对设计元素的分解，但人们还是需要借助自己的空间想象将这些分解的片段组合成一个整体，而透视图能弥补这一不足，较完整地展示空间效果，给人以身临其境的感觉。

（一）透视图

透视图用于模拟真实空间效果，近似人在空间中行走的体验，其视平线通常在 1.5～1.7 m，即常人的站姿视线高度，可以真实表现空间效果。景观设计中最常使用的透视图是一点透视和两点透视：一点透视能全面展示空间效果、天际线形态；两点透视常用来展示某个景观元素形态，强调具体设计的构思。

透视图绘制常见问题：

①仿佛站到半空中看场地，既非常人立于地面的观看效果，又没有取得鸟瞰的效果，透视场景很别扭。

②整体空间尺度和主要景观元素的透视失真，有时空间尺度过大，元素过小，或反之，元素过大，使得空间看起来太小，都无法取得好的效果。

③透视中灭点位置太正，虽然算不上错误，但如果处理得不好，画面效果会显得呆板，视点若偏离画面中心点一定距离，则画面会有侧重点，这样效果会更好。

④构图缺乏纵深感，元素使用不当，显得画面过于平淡，没有前后层次。可以通过明确透视消失线、调整景观元素繁简以及近大远小的变化加强画面贯通感，产生吸引人前行、穿越之感，从而丰富整个画面层次。

⑤绘制透视图之前，首先要选择好的视角，即视点位置和视线方向。可以采用小幅草图来推敲构图、前景和后景、视线方向，快速抓住重点，如图 3-3 所示。

图 3-3　大学生活动交流中心外景

（二）鸟瞰图

鸟瞰图能清楚地体现景观的体量、相对位置关系等，直观地展现景观规划全貌，是表现设计构想的理想方式，如图 3-4 所示。景观鸟瞰图是以平面图为依据，在高于视平线的位置观看场地时绘制的效果图，能反映场地空间设计的总体效果。它是透视图的一种，是失真效果，不可像平面图、立面图那样度量。

图 3-4　天龙山景区鸟瞰图

五、节点分析图及大样图

（一）景观节点分析图

景观节点包括主要景观节点、次要景观节点和景观轴线、景观渗透等，可根据具体设计选择和增减。景观节点分布草图先于方案设计，特别是主要景观节点需要整体考虑。在景观设计中，各个景观节点通常用色块表示，景观轴线用箭头表示，当然在一些设计中我们也会看到不同的表达方式。

（二）大样图

在景观设计中，大样图用于表达某些设计元素、构筑物、景观节点的细节，它们在总图中不便表达清楚，所以移出画大样图，如图3-5至图3-7所示。

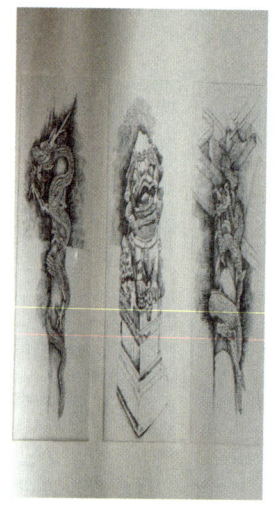
图3-5　装饰节点之一

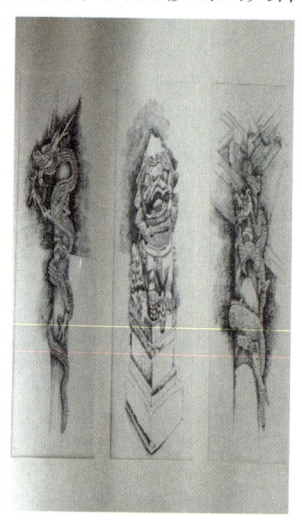
图3-6　装饰节点之二

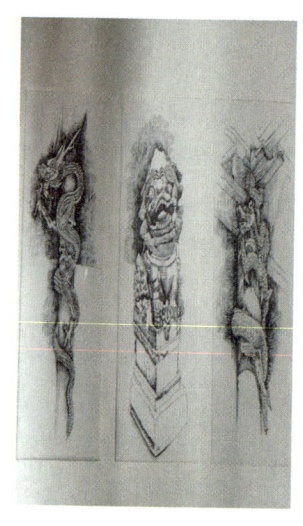
图3-7　装饰节点之三

第三节　综　合　设　计

一、景观平面图

景观不外乎是由最基本的点、线、面、体、质感、色彩构成的，设计中可以充分运用点、线条或面块创造多元的景观形态。景观平面图形可分为规则式和自然式。规则式平面的稳定给人以规范和秩序感，适合规模宏大庄重的场景；不规则平面则表现出自然、活泼、随意的特征，适合休闲娱乐的景观空间。

二、景观设计构思与构图

首先应考虑使用功能，在不破坏当地自然环境的基础上创造出令人满意的使用空间。构图要围绕构思的所有功能，从平面构图开始，将绿化、小品、道路用平面图示的形式表达出来。

三、景观设计的形式规律

（一）统一与变化

在景观空间里，景观要素、景区空间、造景形式同时存在，其中必须有主有次，各要素之间互相辅助，彼此联系，从而打造平衡的有机整体。形态、色彩、质感等构成要素是形成统一与变化差异的基础。要产生强烈的形态感情，主要通过大小、长短、宽窄、厚薄、高低、曲直、钝锐、软硬、轻重、疏密、明暗、冷暖等的差异来表现。促使整体中富于变化的方法很多，具体形式美法则如下。

①对景。景观设计中非常注重竖向构图，可以在道路轴线尽端的不同地方设计一些可以相互看到的景色，如从 A 点观赏到 B 点，从 B 点也能观赏到 A 点。

②借景。通过建筑的组合，将远处的景观借用过来，使远景和近景形成一体。

③添景。如果一处景观只有远景、近景。中间缺乏景观层次的过渡，不免使人感到空虚和乏味。在景观构图中添加小品或树木作为过渡景，景色就会更具有层次美，富于变化，如图 3-8 所示。

图 3-8　晋祠一角

（二）比例与尺度

比例是确定构图中的各景观要素之间产生均衡关系的手段。优秀的设计都具有良好的比例关系，运用尺度规律进行设计的方法如下。

①以一个景物作为尺度标准，来确定群组景物的相互关系，使得尺度合乎常规。

②以人体各部分静态尺寸、动态尺寸为依据，确定空间内各景物的具体尺度。

③环境因素的相对尺度。一个广场雕塑摆在室内显得太过拥挤；一座假山放在湖边浑然天成，而移到小庭院里则必然尺度过大。

（三）节奏与韵律

在景观设计中，节奏是指让景物连续重复出现而产生美感，而韵律则是有规律地抑扬起伏，从而产生带有感情色彩的律动。如柱廊、山石、植物群落、行道树木等都具有韵律节奏感。常见的韵律方式有时和景观功能相结合，如在庭院设计中，利用水体发挥导向作用，把水体设计得时缓时急、时宽时窄，从而将人们引导到庭院的中心地带。用节奏和韵律创造意境，通过景观形象传达富有感情色彩的律动，使观者触景生情，若能做到真正打动观者的内心，其艺术境界是很高的。

以庭院景观设计为例，设计形式规律的应用如下。

①主景：遮阴设施构成后院的主节点，喷泉成为次要节点。

②韵律：在户外平台和花园之间重复使用多边形图案的铺装以创造出一种规律性。

③尺度：强调家居尺度，尺度设计以2～4人的私密空间为准。

④统一性和协调性：种植绿带软化了前院的方形感，作为与弯曲形体之间的过渡。

⑤空间特点："S"形阶梯道路联系着开始和到达两个空间，后院既有开敞空间，又兼具私密空间的性质，如图3-9所示。

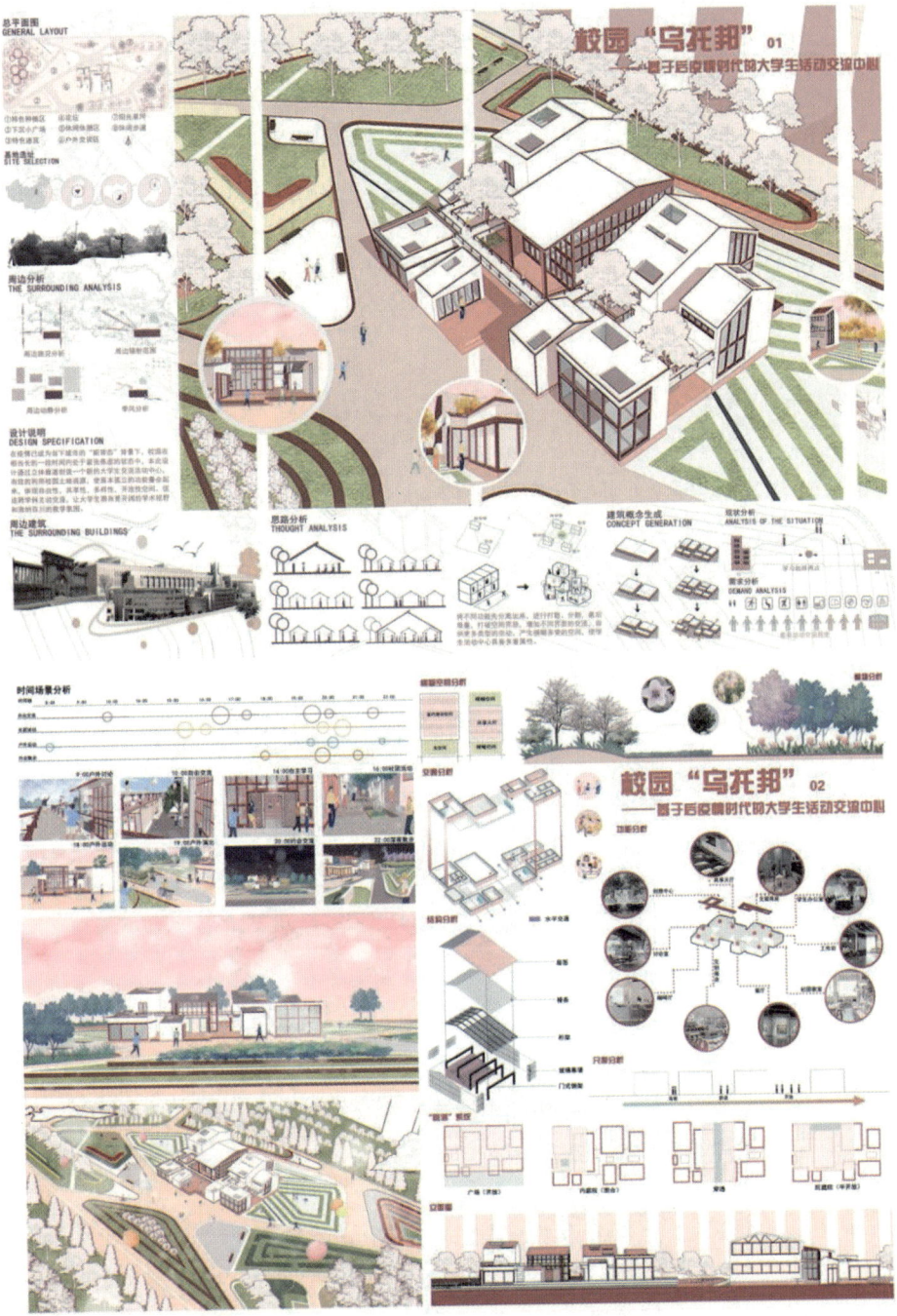

图3-9 大学生活动交流中心效果展示

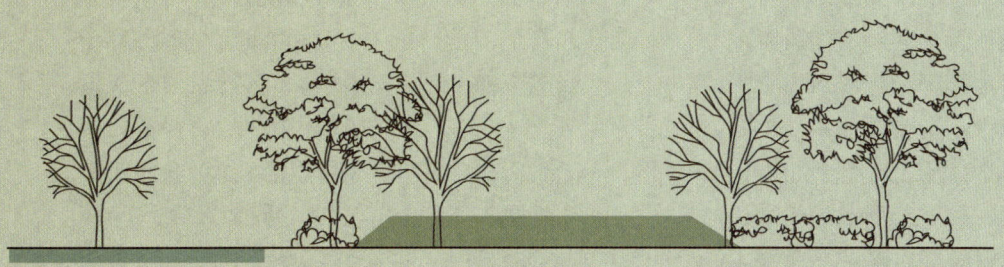

下篇

景观规划设计的分类与实例

第四章　城市道路景观规划与设计

第一节　城市道路景观概述

一、概念

一般来说，城市道路景观是指在城市道路中由地形、植物、建筑物、构筑物、绿化、小品等组成的各种物理形态。道路景观展示的是在道路使用者视野中的道路线形、道路构筑物和周边环境，即从道路上看到的一切东西，包括自然物和人工物。各种物象构成了道路景观，道路表面的色彩、纹理，路旁物体的形式和节奏构成了道路视觉的色调。人们在道路上运动时，看到道路与环境的四维形象；人们静止时，看到道路与环境的三维形象。此外，还包括路外人看到的道路与环境配合的宏观形象。总之，道路景观是自然和人造事物交织而成的空间形式，如图4-1所示。

图4-1　滨河东路景观

二、构成要素

城市道路景观的构成要素大致分为以下几个基本方面。

1. 道路

道路就是指道路的主体，包括道路各尺寸的比例、道路的线性设计和立体构造。以上这些构成道路空间轮廓的要素，同时也是创造出比例协调又具有舒适性的道路景观所要注意的重要事项。城市道路景观设计首先体现在道路本身的空间结构比例和形体上，要选择与周围环境相符合的道路尺寸、道路线性以及空间的组织和构筑物的设计，如图4-2所示。

图4-2　天龙山公路

2. 沿街

沿街包括道路两边的商业建筑物、办公楼、住宅、广告牌、屋顶广告装饰、围合屏障、栏、篱笆、空地广场、公园、河流等。

3. 远景

远景包括自然要素和人工要素。

4. 人的活动

人的活动包括步行者、自行车和汽车等。在不同的地段人的活动是不同的，如在步行街以步行者居多，而在城市的主干道上则以汽车居多。

5. 地下部分

地下部分如交通设施、商业设施、能源通信设施和排水设施。这是在城市道路景观设计中比较容易忽视的部分。事实上地下设施的不同、结构的不同会影响地上的道路景观。比如，管道的位置和深度会限制地上种植的树种选择。

6. 变动因素

变动因素包括季节、气候、时间等。我国总的来说，在北方冬季多雪，南方则多雨，而每个城市由于不同的地理位置又有自己独特的气候。所有自然景观都可以丰富城市道路景观。

三、功能

城市道路景观的功能在于体现以人为本和实现可持续发展的现代化理念，使人们在城市生活中有一个安全、便捷、舒适、美观、生态的道路系统。它既要满足道路所需的功能要求，又要有适宜的形态，创造出优美的景观效果。

第一，城市道路景观是组织和联系城市各区域空间的景观廊道。

凯文·林奇在《城市意象》一书中指出："道路，在许多人印象中占统治地位，也是组织大都市的主要手段，与别的构成要素关系密切。"

城市道路是城市结构的框架，起着联系城市内各功能区的纽带作用，同时由于城市道路是较典型的城市线性开放空间，它又具有可达性和景观易于感受的特性，因此还起到组织城市景观的重要作用。城市形象的各要素通过城市道路相联系，从而使人获得城市意象。城市景观作为一种动态的艺术，依附于城市道路对这种艺术的形成和创造。城市道路所形成的路线使人们得到清晰的城市意象，好的路线还将一系列景点组织好，以丰富人们对城市风貌的印象。因此，城市道路景观具有把城市的人文、自然景点联系起来，形成连贯整体的城市景观的作用。

第二，城市道路景观是展现城市特色，表现城市风貌的舞台。

一个城市给人们留下深刻印象的往往是城市道路上的景观，城市道路景观是展现城市风貌的舞台，如道路的尺度，道路两侧建筑物的体量与风格，色彩各异的广告牌，独具特色的绿径、小品、设施以及道路上穿梭的车流，或漫步或疾行的行人等。这些城市道路景观往往是一个城市的代表。城市道路景观的形象功能主要反映在两个方面：一方面是人工景观功能，另一方面是自然景观功能。

城市道路景观的人工景观是指反映城市的人文、历史、传统的景观文化。不论是由哪种形式形成的城市，其道路格局都反映着城市的发展过程，记载着城市的重要历史事件。生活在其中的人们在这些特殊地点就会产生相应的联想，所想到的一定是这座城市、这个地段所发生的一切，因此我们可以说城市的道路记载着城市的历史。

城市道路景观的自然景观是指反映城市生态和自然环境条件的景观，主要有天然形成的山体、地势、江河、天空轮廓等自然景物和人工塑造的绿化植被、岩石、水体等人造景观。有的城市道路的路段较长且路幅较宽，道路的交叉间距较大，道路上通常会有较为完整的绿化。另外，组织城市风景名胜的城市道路时，在组织过程中应利用这些自然景色的特点，把道路与环境融为一体，使道路成为风景的一部分，从而形成具有城市特色的优美景观。

第三，城市道路景观是人们观察和欣赏城市景观的空间。

人们对城市景观最直接、最经常的感受往往来自城市的道路。城市道路不仅起着联系各功能区的作用，很大程度上还是人们公共生活的场所。观光的游客沿着道路游览城市，认识城市，了解当地居民习惯，在道路上活动并感受着道路及其周围的环境。

从城市道路的空间特性来说，它是一种通过型的空间，它的美不仅表现在形象上，更多的是通过道路的功能来达到审美的目的。人们更多的是在路面上感受它的独特景观，只有景观怡人的地方才能吸引人们的注意力。观察表明，人们总是偏爱在柱子、树木、旗杆、墙壁、门廊和建筑小品的附近逗留。

城市道路的主要功能是满足交通的需要，因此从建筑造型到硬质景观布置，从绿化到空间方向的连续性，都为行人和车辆的安全提供有利条件。从景观设计的角度看，两侧的围合体不必过于细腻和分散，而应有较强的连续性和节奏感。连续性可以使驾驶员在观察路况的同时，产生一种奋发向前的潜意识节奏感以及较强的运动性，暗示着前进的快乐。城市道路有的有比较旷远的视野，激发驾驶员和行人进行积极的视觉探索。经过精心设计的城市道路景观，会使道路具有良好的延伸性和透视感，能让人在一览无余的视觉感受中产生动态的意识以及前进的信心，如图 4-3 所示。

图 4-3　城市道路景观

第四，城市道路景观对发挥道路的环境生态功能起到积极的作用。

城市道路景观的设计注重通过结合道路两侧及其周围地带的环境绿化和水土保护来发挥道路的环境生态作用。城市道路存在着线性污染，汽车产生的尾气、噪声、尘埃、垃圾等污染物沿着道路分布与扩散，道路的长度、宽度与污染的扩散有密切的关系。另外，城市道路的走向又规定了城市的走向，对空气的流通、污染物的稀释扩散起了一定的作用。部分城市道路由于交叉口间距大、路段较长且路幅较宽，因此道路上通常具有较完整的绿化。城市道路的绿化，不仅是道路景观的重要构成元素，也是改善生态环境的需要。

城市道路的绿化带作为绿色廊道连接、组成绿色景观系统是一种较为有效的构建景观的手段。景观生态学理论在城市及景观规划中特别强调维护和恢复景观生态过程及格局的连续性和完整性。城市中的绿色景观可以视为散落在城市中的绿色板块，只有通过建立廊道使其连续并与城市自然生态有机结合才能构成绿色景观系统。

第二节 城市道路景观规划与设计的方法

城市道路的景观规划与设计体现在城市道路的线性选择优美，符合美学特征，符合整个城市道路网的风格；城市道路的尺度适宜，能保证道路的交通作用；城市道路的绿化要选择合适的树种，体现生态美的同时还要起到吸收尾气和噪声的作用；城市道路两侧的建筑物风格、形态、色彩要与城市道路景观的风格相协调，有历史人文景观的，还要对道路的各项辅助设施做好调整，比如选择复古风格的人行道铺装、路灯、行人座椅等，以保持与建筑风格的一致。为了保证城市道路景观的协调一致，必须做好有关城市道路景观各部门的协调工作，保证城市道路与周围建筑景观、道路绿化以及城市的整体风格保持和谐的统一，形成一个美好的城市景观环境，也只有这样城市道路的设计工作才能稳定有序地进行，如图4-4所示。

图4-4 滨河西路景观

一、步骤

城市道路景观的设计主要包括道路部分和沿街部分两大类,按以下几个步骤进行。

①确定道路景观的主题和整体印象。要根据道路所在的地方特性、道路的规格、道路使用方法等综合考虑,在结合城市景观特性的基础上,统一规划,确定道路景观的主要风格和特色。在这一过程中,不应区分道路用地部分和沿街部分,而是必须作为一个整体来考虑。

②设计道路的基本类型和骨架。这是对道路的基本设计阶段,包括幅宽、断面、线性及道路的立体构造。这一阶段最重要的是两点:一是从一般设计的角度搜集各类信息资料,确定功能上的条件,并作为景观设计的前提进行整理;二是与此相反,将景观设计的结果作为道路形象的目标,提示给一般设计,作为参考。

③对交叉点、桥头等道路重要节点处进行特别的探讨。节点由于道路情况的特殊会产生不同性质的景观,对形成城市道路景观具有重要的作用,不仅是可以看得见的形态,也是通过在街道空间移动中体验形成的印象。

④细部的处理。包括道路的绿化、路面的装饰、道路附属物修饰等。细部的处理最终决定道路景观设计的效果。

二、设计要点

城市道路景观的设计,就是要将道路景观整体中的各种要素进行分配协调,使各种要素所具有的功能得到充分的利用,通过合理的规划,展现最佳的状态。因此,一定要认真对待所提出的相应的规划设计要点,才能有针对性、目的性地进行道路景观设计。

(一)确定道路景观要素

在城市中,很多山景、水景可以作为景点或借景的对象,有的山水通过一些建筑处理可以作为景点或借景的对象;城市形体结构中有重要作用的历史性建筑可以作为景点或借景的对象;与自然景观环境协调或具有时代感的标志性建筑可以作为街道景观的主景要素;重要的古树木可以用于景观的设计。由此可知,在进行城市道路景观规划与设计时,一定要结合城市景观系统规划、绿地规划确定哪些自然景点和人文景点可以或应该成为城市道路的景观要素。

（二）景观系统的组合

城市道路景观系统可由外部道路景观系统、自然与历史道路景观系统和现代道路景观系统组合而成。城市外围入城干道是观赏城市整体轮廓景观的重要场所，在选线时特别要考虑对城市整体轮廓景观的观赏，使在入城干道上对城市整体建筑群的面貌特色、城市主要自然景点和城市主要特色建筑的观赏有好的效果。如德国的吕贝克市中有三个主要的景观建筑：城堡门、圣马利亚教堂和主教座堂。入城干道选择了观赏城市整体轮廓景观的最佳位置，从城堡门旁绕进城市，从入城干道上可以同时观赏到三个景观建筑，给人以多层次变化的视觉感受。

城市交通干道一般都伴随有两侧现代化的城市生产、生活建筑设施，或现代化交通设施如立交桥等，是城市景观的一个重要组成部分，是一种"整体的艺术"，要对城市各种构成要素之间的关系处理得当，使之形成整体的协调、和谐之美。所以，城市道路景观系统的组合，可以使人们从不同的角度、不同的空间环境去体会从宏观到微观、从历史到现代、从自然到人文的丰富多层次的城市景观趣味，表现城市既有优美的自然环境，又有深远的历史，还有现代感和生命力的整体形象。

（三）确定景观环境气氛

在进行道路景观设计之前，应根据城市景观系统规划和历史文化环境保护规划的要求，结合城市的大环境、气候等，对城市道路景观的环境进行分析。一般来说，城市干道选线应考虑对城市整体景观的观赏要求，城市生活性道路和客运交通干道应成为城市主要景点，城市特色与历史文化景观的观赏性空间、城市交通干道应成为城市现代景观的观赏空间。

（四）城市道路景观设计

在城市中，不同的道路在城市生活、生产活动中所起的作用各有不同，使用对象与使用方式之间也存在着差异，所以在景观设计上的侧重与手法运用也各有不同。我们需要根据研究的问题，将城市道路进行分类，以便研究得更深入。城市道路根据功能可分为交通性道路、生活性道路、步行商业街道路三种，下文将结合城市道路景观的特点，分别就以上三种道路景观的设计方法进行分析、研究和讨论。

1.城市交通性道路景观设计

城市交通性道路是城市的框架，连接城市的主要对外出口，道路上主要包含对外交通枢纽、大型公共建筑等，担负着城市的主要交通运输任务。它为城市各个功能区之间的人员、货物的流动提供基本物质条件，主要分布在城市的各个功能区和行政区之间。

城市交通性道路由于其肩负重要的交通任务，交通流量大，通常路幅较宽，是典型的城市开放空间，反映着城市的形象。同时，由于城市交通性道路分布在城市的各个部分，为市民提供各种景观类型的多重体验，丰富城市的空间形象，突出城市特色，增强市民的自豪感。城市交通性道路景观有以下几个特性。

①安全性。在我国，城市交通性道路一般为机动车、自行车和行人共用，所以安全性尤为重要。第一，要严格划分道路各功能部分。通过设置不同标高、隔离墩、绿化隔离带等方式，分离机动车道与自行车道、人行道。特别指出，由于机动车与自行车冲突的危险性较大，所以更应将自行车道与机动车道严格地分离开来。第二，必须有明确的交通标志。城市交通性道路的车辆行驶速度较快，其交通量较大，要保证交通的安全顺畅，就应具有一系列明确的交通标志，路灯的照明强度也要满足交通的需要。

②可观赏性。城市交通性道路应具有较好的环境景观。沿道路建筑物的设计、路旁绿化带的处理、小品设施的构思与设计等都要考虑到人们的审美需求。

③方便性。城市交通性道路要有完善的配套设施。在适当的位置设置方便使用的加油站，同时设置兼顾日杂店和卫生间的港湾式停车场。辅道的设施，既不影响主道交通，又方便使用自动停车收费系统，这些都可以为人们提供更多的方便。

④可管理性。城市道路是一个繁忙复杂的系统，稍有疏忽就会导致整个系统的运作缓慢，甚至瘫痪。由于城市道路的重要性不允许存在错误，所以为了使城市交通性道路日常的管理井然有序，道路本身的设计就应该为管理打好坚实的基础。同时，还要有科学的交通规划和现代化设备的监控及高水平的管理，还要注意相关设施的日常保养和及时维护。

随着现代城市规模的不断扩大、人们生活水平的不断提高，城市交通性道路也获得巨大的发展。其也可分为一般城市交通性道路、城市快速路和风景区道路。以下分别讨论各种形式道路景观的设计。

（1）一般城市交通性道路景观设计

城市交通性道路担负着城市的主要交通运输功能，而且一般为机动车、自行车和步行者共用车道。

①道路形式的设计。城市交通性道路，一般车速较快，所以多为直线。若采用曲线，也选择半径较大且变化较平缓的形式，因此在道路线形上不易产生特色，而往往在道路空间的设计上采取一些措施来体现道路的形象，如利用两

侧自然风景、建筑、绿化来加强视觉效果，创造不同的空间感受。同时，不同的车辆行进速度对景观效果的要求不同，在设计中应根据道路使用功能的不同分别对待。

②建筑形式的设计。从机动车的角度来看，城市交通性道路设计要强调建筑物的体量关系，而建筑外墙的凸出物和临时附加物构成了建筑的"第二次轮廓线"，所以一定要着重强调建筑物外轮廓线阴影效果及色彩的可识别性，使城市道路景观具有其自身的特点，同时创造一种整体的环境氛围。从骑自行车或步行者的角度来看，由于他们对景观的审视时间较长，特别要求步行空间的景物应有一定的耐视性，因此建筑物的细部就显得很重要。步行者一般离建筑物较近，因此建筑物底层立面的处理要做到精、细、深，满足人们的视觉要求。而且，一般建筑底部的景观处理，不会对机动车上的人的视觉产生干扰。建筑物的形式、内涵也很重要，要反映城市的历史性和地方性，在突出个性的同时，要保持城市景观的整体性。

③道路设施景观设计。道路设施的作用就是为道路的使用者服务，主要有路灯及各种交通设施，包括地面标线、信号灯、指道牌、隔离装置、跨线桥、候车亭、加油站等，这些设施的设计要与道路的整体环境相协调，各个细部要精心推敲。交通标志的设计要形象化、标准化，突出直观性，造型上可根据道路的环境特色，考虑个性化设计，强调整体性。2022年北京冬奥会成功举办，中国的很多城市都要考虑国际化的要求，文字类标志多采用英汉对照方式。此外，为骑自行车的人和行人服务的设施除了必要的交通标志外，还包括其他引导性的标牌，如导游图、导购图、钟楼等。这些设施的设计既要独具匠心，又要与其所处的环境相协调，体现景观的整体协调性。我国是自行车的王国，自行车使用范围广、数量多，所以要在必要的地段设置自行车停车点，解决好自行车的停放问题。

④广告与绿化设计。在我们所处的信息时代，道路广告在现代城市景观中起着重要的作用。道路广告的目的在于宣传，为了让更多人看到其宣传的内容，它一般设计的尺寸较大，视觉刺激比较强烈。所以为了避免破坏城市固有的风貌，避免干扰交通的正常运行，对于景观道路上的广告要有严格的规定和审批制度。绿化设计是生态的需要，也是道路景观的重要构成元素。其作用体现在维护道路的卫生、净化空气、减弱噪声、调节温度湿度、组织交通和保证安全等很多重要的方面，同时还为市民提供休闲场所。所以城市交通性道路的绿化设计应考虑减弱噪声、避免视线遮挡，绿化宜选用草坪、低矮的灌木或树冠较小、树干较高的树种，对于较为宽阔的道路，可在其两侧或中间设置绿

化隔离带调整空间尺度。此外，绿化树木的树种、数量还要精心选择、巧妙配合，使道路在不同的季节展现不同的景观。

（2）城市快速路景观设计

随着城市区域不断扩大，其对交通需求的矛盾也日益突出，道路交通拥堵，车速缓慢，事故发生率上升，城市快速路产生了。

①道路形式的设计。城市快速路的修建在层次上一般要与原来的路网分离开，主要有三种形式，即一般快速路、高架式快速路和路堑式快速路。由于经济、空间、使用者心理要求的不同，可以采用不同的快速路形式。一般快速路是在地面上通过的，这种形式一般造价便宜，但是由于快速路要封闭两边的很多路口，给通过地区居民和用路者带来很多不便，同时切断了相邻地区的联系高架式快速路，从景观上看，高架往往成为地面上的视觉障碍，连续的、很宽的高架路很难与城市两边的景色协调，同时高架路周围的噪声与空气污染也很严重。路堑式快速路，这种形式的快速路比前面两种形式有比较突出的优点，如对城市的分割效果不明显，在景观上也很容易被人所接受，但是这种形式的建设费用较高。快速路的道路形式还可根据线形分为直线形快速路和曲线形快速路等，应根据城市固有的格局来选用合适的线形，如图4-5所示。

图4-5　307国道

②建筑形式的设计。建筑物的尺度应与快速路和谐，可以采用双重尺度。建筑物的上部在快速路上运动的汽车中人的视觉范围内，因而只需塑造大的体量与色彩效果，而建筑物的下部是慢速运动的行人视觉可及范围，可采用人的尺度进行设计。在快速路上人的视点由低到高，不断变化，建筑顶面（即城市第五立面）设计也应被充分考虑。随着人的视点的抬高和视野的扩大，在快速路沿线的漫长范围内，建筑的群体特征应得到有效突出，建筑的立面不再显

得重要,形体体量关系与较为深远范围内的城市开放空间所形成的虚实对比以及城市远景建筑轮廓线成为其景观设计的主要特征。快速路形式单一,交叉口少,很容易形成单调而乏味的街景,因此地标建筑的设计就显得格外重要,它的视觉标志性可以成为道路景观的高潮,使枯燥的道路景观有了节奏和兴奋点,如图4-6所示。

图4-6 清徐水阁楼

③城市快速路景观设计。城市快速路是交通性的,设计车速较快,交通量大,构成了景观设计的控制因素。一方面,快速路要选择合理的位置。一般快速路选线的平面位置宜选在可能要改建的区域,或建筑形式较为落后的地区,这样改建时就容易使设计的建筑物以及环境能与快速道路相协调。如北京二环路充分利用原城墙与护城河之间的环形带状空间,从而减少了在城市中修建快速路的拆迁工程,而且环路附近新建的大尺度高层建筑给北京带来了新的景象。还可以选择在原有的道路上修建高架路的方式,这样可以保持大部分地区街道的建筑现状。采用这种方式的前提是最大限度地保留周围环境,保持城市中原有建筑风格比较好的地区,避免对原有环境的破坏。另一方面,快速路在线形上的选择要符合行驶要求。快速路的设计要满足目前的车速40~80 km/h,所以其线形设计不同于一般的城市道路。同时要考虑道路的经济性,还要注意与地形地势的特点相配合,线形要优美平顺,以保证汽车快速行驶,并有足够的安全感和舒适性。线形的选择会对人视觉与心理有很大的影响,因此要求线形是连续的,并有良好的视线诱导,综合考虑平面与纵面的视线,使其成为优美的立体线形。

④周边环境及绿化的设计。快速路有很大的断面宽度,同时有较高的行驶

速度，道路尺度的加大、车速的提高意味着周围建筑的尺度和体量也应随之加大，景观设计就需要用大尺度考虑时间和空间，有必要修建一些具有特色的建筑和具有吸引力的景观，这样才能使道路的使用者在行驶过程中对环境有较强的印象。另外，快速路的立交桥和匝道会产生大量的空间，在这些空间应配以相应的乔木、灌木与快速路自身的线形交织在一起，会形成在大尺度上的景观和谐。行人可以利用这些空间作为休息、娱乐、观赏的场所，使这些空间转化为积极的空间。同时这些绿化可以配合两边的防噪声墙，降低快速路噪声和废气的污染。

（3）风景区道路景观设计

现在，随着生活水平的提高，人们对风景区旅游的热情逐渐加大，不少城市为了满足人们的需要，在市郊建设大面积的风景区，如南京东郊风景区、杭州西湖风景区等。风景区的道路主要是便于市民和外地游人到风景点去游览，是风景区的通道，也是风景的一部分。所以风景区道路的规划和设计，除了必需的交通功能和技术要求外，还必须重视研究如何使道路成为观赏城市风景景观的良好场所，同时风景区道路也要具有艺术观赏性，从而使风景区道路与周围环境达到和谐统一。

①道路形式的设计。风景区的道路一般要有较开阔的视野，两侧若有视线障碍，游人看不到周围景色就会感到单调枯燥，所以有些地方一定要清除视线障碍物。风景区的道路要使各景点之间有便捷的交通联系，使各个景点分布在道路沿线。比如，景区内的道路可以设计成环形路线，这样进出风景区没有重复的路线，沿途可以观赏不同的景色，使游览者始终有着很大的兴趣和高昂的情绪。路线设计还要注意保护两侧环境，尽量与当地的地形相配合，与周围的环境融为一体，使旅行者有更多的机会欣赏自然景色，如图4-7所示。

图4-7　晋阳湖道路

②周边环境的设计。在风景区道路的两侧，一般建筑物比较少，所以周边环境设计中绿化以及与周围环境相协调的设计就显得尤为重要。风景区道路的绿化景观必不可少，它不仅可以软化、美化道路的生硬感，提供舒适的行驶条件，改善小气候，还可以起到组织交通的导向作用。风景区道路的绿化有下面几个要求：要满足道路功能的需求；在种植选择上以耐盐碱、抗风性强的乡土树种和适应性较强的植物为主；在植被的搭配上，树木和观赏性花木要搭配得当，充分考虑游人的遮阴需求和观景效果，营造天然绿色屏障；强化道路特征和方向性，既要保证道路整体风格的连续性，又要体现一路一景的导向性。风景区道路从自然水体边经过，称为滨水道路，它的景观价值更加重要。根据道路沿线不同的地形地貌条件和功能需求，要采用与之相适应的边坡、护岸形式，既满足道路的安全性，满足防洪和游人安全的要求，又尽可能保证场所的亲水性。滨水道路的景观设计要注意以下几个方面：保证原有的自然岸线，尽量减少人工雕琢的痕迹；创建亲水空间，使人更接近水体，更接近大自然，更能深刻地感受景观；着重研究边坡护岸的设计。有的道路距水体较远，且高差较大，可以放缓边坡，然后种植绿色植物，形成自然的、生态的边坡；有的边坡坡度较大，宜使用稳固的硬质边坡处理，在上半部分采用绿色植被，来创建边坡的景观。边坡上还应设置台阶式的护岸，方便游人进出水域。

③附属设施的设计。停车场是风景区的重要设施之一，同时由于其不同的位置会对风景区景观造成较大的影响，所以一定要处理好停车场位置的选择和设计。如果将停车场安排在风景点门前，会因车辆的进出和停放而大煞风景，破坏了游人对景点的第一印象。一般可以将停车场布置在景点两侧，不宜布置在风景点观赏视线以内，还要有优美的风景可以眺望。在停车处乘客可以休息，欣赏路边风景，并可使精神在行车中得到缓和。在停车区附近，最好能有草地供人们休息或者野餐，还可设有景观公园，可以布置灯柱、花架、假山、雕塑等使道路景观更富有艺术魅力，这些小品的设置要与道路景观融为一体，从而成为道路景观的有机部分，如图4-8所示。

图4-8　天龙山景区

2.城市生活性道路景观设计

城市生活性道路有的是以满足生活居住需求为主，上下班时间交通量较大，上班时出行较集中，下班时间不集中，且路旁的各种服务设施频繁被使用，人流较多，白天相对比较安静；有的是以商业为主的生活性道路，在营业时段内，交通量大，而且车辆出入较频繁，随机性较强，交通方式比较复杂，有公交车、出租车、自行车、步行等各种形式；有的是以行政办公为主的生活性道路，在上下班的时间段内，人流出入也较多，随机性较大，其交通特点为机动车交通量较大。以上三种城市生活性道路由于其使用性质不同，交通方式也各有特色，但它们共同的特点是街道上的车况复杂，车行速度较慢，人流较多，而且有多变的道路功能、丰富多彩的街道设施，也是与人民群众生活最密切相关的道路，所以其景观设计有着相当重要的意义和作用。

城市生活性道路与人民生活密切相关，由其特点我们可以得出其景观特性的特点。由于此类道路上的交叉口较多，为保证行车的安全，设计中一般要求进入主路、支路的车辆通过隔离带的引导顺利进出主干道，支路的出口应设置减速标志或减速器，确保主路的通行顺畅。还要根据情况增加人行横道的数量，在可能的情况下要设置人行天桥或地下人行过道，保证行人的安全。地面的铺装选择也要适当，细腻的铺装让人觉得愉快和易于接受；相反，粗糙的铺装让人产生疏远的感觉。城市生活性道路中，由于行人的比重加大，人们对周围环境景观的感受更细、更深，对环境的审美要求也更高，所以要精心巧妙地构思环境景观。以商业服务性为主的生活性道路，对停车场、休息空间等要求较多，而且这里充满着各种各样的商业形式；以生活居住为主的则要多考虑服务设施的设置，并强调夜间的安静性；以行政办公为主的就要强调其标志性，通过强化建筑物和环境设施的特点，突出其区域的功能性。

城市生活性道路是连接城市交通性主干道和人们生活区域的纽带，要经过主干道、次干道、支路的多次分散，根据分散等级的不同可分为一般城市生活性道路和居住区道路。以下分别来讨论这两种形式生活性道路的景观规划和设计。

（1）一般城市生活性道路

一般城市生活性道路，连接了城市的交通主干道，它是以城市生活为主的道路，将交通性道路服务的重点从交通运输转移到了更关心城市人民生活的方面上来。

①道路形式的设计。一般城市生活性道路以城市生活为主，因此它的场所感较强。街道空间形式的设计首先要满足活动内容的需要，并可以根据街道功

能特点，考虑街道空间的变化，如沿街附属空间的导入、弯曲、转折，采用对景、借景等来丰富空间景观。

②建筑形式和设施的设计。一般城市生活性道路上的车速、行人速度都比较慢，人们对两侧建筑的观察时间比较长，观察比较细致，所以应对建筑物的文化性和历史延续性充分考虑，建筑临街的底层部分要精心设计，既要符合原有的风格，又要体现活跃的气氛，丰富道路视觉景观。道路在满足功能的基础上，还应设置相应的设施，充分考虑人的需要，真正地做到以人为本的人性化设计。在适当的位置设置公交候车亭、电话亭、出租汽车停靠站、加油站、卫生间、垃圾箱、休息座等。还要充分考虑到老年人和儿童的使用，尤其是残障人士的特别需要，做好无障碍设施的设计，如图 4-9 所示。比如，要全面、安全、连贯、规范地设计盲道，使盲人得到切实有效的保护。一般城市生活性道路车速较慢，可增设一些减速标志和减速设施，合理放置隔离设施。生活性道路上对停车位的要求比较高，停车场要有明确的标志，要设置自动停车收费装置，停车场的建筑以及地面的铺装也要与道路的景观相协调，使人们使用更加舒适。一般城市生活性道路与人们的生活最为密切，是广告宣传的重要场所。在居住区与办公区，广告的设计不能影响原有建筑的体量与立面风格，不宜过大，不能随意设置。商业区内要适当增加广告数量，突出道路空间的商业气氛，但广告的设置不应对景观造成不利的影响。可充分利用现代化手段，使广告的形式多种多样，以适应不同的空间环境，创造不同的视觉效果，活跃商业街气氛。

图 4-9　无障碍设施

③绿化的设计。由于道路上行人数量较车行道多，所以绿化设计应尽量少用草坪，除行道树外，其他形式的绿化适合采用带花池的花坛、灌木等。设计中还要考虑绿化中的灯光效果。现在城市生活性道路多用花坛来点缀。花坛一

般用砖石砌成,在表面上采用不同材质及颜色的抹面或用瓷砖镶面。花坛一般在道路的断面上是高出原有人行道平面上,主要设置在人行道两旁,有的布置在街角部分或在绿化带位置中,而不占用人行道的宽度。

(2)居住区道路景观设计

居住区道路是城市生活性道路,它是城市交通中经主干道、次干道等再次分散后的交通通道,主要服务于当地居民,供步行、个体交通工具与生活有关的车辆使用,在大的居住区中主要道路也通行公共车辆。居住区道路应有合适的出口以便和城市干道相连。居住区道路机动车最高车速一般不超过 30 km/h。

①道路形式的设计。居住区道路平面布置应与各居住区都有方便的联系,在平坦地形上,道路可以布置成直线,或者在直线上有小的弯曲,能产生一系列景色的变化和产生封闭的透视,同时线形比较流畅自然、优美。如果是在坡地上的居住区,道路可采用顺应地形的自由曲线形式,建筑可以自由地布置在其周围。小区内的道路可以有意识地采用曲折的路线、小半径的弯道以及起伏的坡度、粗糙的铺装等,迫使机动车减速,既减少了机动车对居住区安静、安全环境的影响,还可以丰富道路景观,增加生活气息,如图 4-10、图 4-11 所示。

图 4-10　S 形道路　　　　　图 4-11　拼贴路面铺装

②建筑的布置。建筑的布置形式根据建筑与道路的关系可以分为四种:行列式布置,即住宅与道路成正交或成一定的角度成行列的排列,行列中也可以前后有规律地交错;周边布置,即建筑沿道路或院落周边进行布置;混合式布置,既有周边布置,也有行列式布置;自由式布置,建筑沿道路走向结合地形、日照等因素自由布置。以上的四种布置形式主要根据道路现状、地形等条件来做选择,但无论采用哪种选择都要有利于形成好的街道景观,都应将建

筑与道路、绿化组成一个有机的整体。要应用建筑群空间构图的规律以达到功能、技术、经济与美观的统一。

③路面的铺装。路面的材质、色彩与质感对用路者在交通心理上有一定的影响。平整的路面往往受到驾驶员的欢迎，不同效果的路面给人在感情上的亲切程度也不相同。道路的路面除满足功能上的要求以外，还要创造一种动人的、合适的地面景观，以使道路、建筑与整个环境融合在一起。人行道的铺装是城市道路上最引人注目的视觉因素。铺装材料与铺装形态对于路面设计来说具有重要的意义。因此，在选择时，要留意尺度感、质感及色彩、线与面的交织形态，避免由此带来的不和谐。使用可以形成质朴、安静氛围的设计手法。对于铺装的基本要求是能提供舒适、美观的路面；在潮湿的天气能防滑，便于排水；在有纵坡的步道上，即使在恶劣的天气条件下也能保证安全。同时争取造价低廉，有合适的色彩、尺度与质感。色彩要考虑当地气候与周围环境，尺度要涉及砌块的大小，它应和人行道的宽度、所在地区位置有正确关系。而质感也要注意场地的大小，大面积的可粗一些，这样并不会引起人们的注意。在人行道的铺装上，还应重视残障人士、老年及儿童的交通问题，为他们提供优良的交通条件，如图 4-12、图 4-13 所示。

图 4-12　木材铺装步道

图 4-13　石材铺装步道

3. 步行街景观设计

步行是不依赖于任何工具和技术的最为基本的交通手段，也是速度较慢的交通手段，因此步行街景与沿街环境的接触也最为密切，对环境质量要求也是最高的。如果步行的速度放慢，人们可以获得与车窗中不同的景观效果，对景观要素的关注也更高，视野也更开阔。

①道路形式的设计。步行街长度一般不会太长，过长的步行街会将人的视线引向地平线，使景观变得单一乏味，进而使人感到厌倦。有趣的路程能使

人产生一种心理作用，觉得步行的距离变短了，所以要通过选择曲折变化的道路线形来使景观丰富多彩，同时也在无形中延长步行街的长度，使步行街的内容更丰富。步行街的宽度一定要满足步行人流密度的要求，还要满足行人在两边的观看和穿行需要。一般自然发展而成的摊贩市场中摊贩之间的距离一般为 2～3 m，这个距离可以保证步行交通和两侧的生意不受影响；6～9 m 宽的街道是非常理想的步行购物的地方，这个距离使人清楚地看见对面商店橱窗里的东西，可以很自由地、毫不费劲地在街中穿来穿去；12 m 宽的街道依然是亲切的；20～25 m 的街道空间是宽松的，人们对周围的活动感兴趣，能清楚地看见别人的活动。此外，选择合适的道路长宽比对于保持道路的景观协调也有很重要的作用，如图 4-14、图 4-15 所示。

图 4-14 平遥印象新街之一

图 4-15 平遥印象新街之二

②景观的个性化设计。景观的个性化包括以下五个方面：通过道路空间的形式来体现步行街的景观个性；通过沿街建筑物风格的协调或对比，塑造步行街景观的个性；道路设施的精心设计，与道路整体环境相协调，以强化步行商业街的整体个性形象；地面铺装的个性化设计，以强化道路的个性形象；绿化的个性化设计，创造个性化景观绿化。

第三节　城市道路景观规划与设计实例分析

一、兰布拉大街

巴塞罗那的兰布拉大街全长 1.25 km，连接着市中心的加泰罗尼亚广场和旧港的哥伦布纪念碑，它不仅是巴塞罗那市中心一条最负盛名的步行街，同时也被誉为欧洲最美丽的林荫大道之一。"兰布拉"一词源自阿拉伯语，意为"河床"。15～17 世纪，随着巴塞罗那市区的扩张，河道被改为街道，并在两旁建造了很多优美的教堂和学校。18 世纪时又在街道两旁植树，兰布拉大街成为一条宽阔而幽雅的林荫大道。

在兰布拉大街上，矗立着著名的哥伦布纪念碑，它是政府为了庆祝 1888 年的万国博览会在巴塞罗那举办，同时也是彰显巴塞罗那作为哥伦布第一次航海的终点这个特殊的城市地位而建造的。塔的位置是兰布拉大街的终点，也是游览港口区的起点，象征着市中心和海港相连。受欧洲的文艺复兴影响，一大批艺术家都活跃在巴塞罗那，为兰布拉大街提供了浓厚的艺术氛围，并一直延续至今。在今天的兰布拉大街上，随处可见模仿剧艺人在街头为大家表演，大量的历史建筑以及名人作品也是随处可见。在道路植物种植方面，沿用了欧式的悬铃木行道树，为整个街区的行人提供了充足的休憩空间。在道路的铺装上，兰布拉大街上保留了米罗设计的马赛克拼图，这也是兰布拉大街上最著名的标志之一。对于兰布拉大街而言，它的美食文化也是它最具有代表性的一种景观形式，其中包含了大量有多年历史的餐厅以及街道两边的水果摊位，这些都成为人们认识兰布拉大街的一个窗口。

二、上海世纪大道

世纪大道作为上海重要的景观道路，是展现上海风貌重要的标志性景观。它建成于 1999 年，起于东方明珠电视塔，止于浦东世纪公园，全长约 5.5 km，宽 100 m。

从道路的整体设计而言，设计者将世纪大道定位成为中国的香榭丽舍大街，把它建设成为一条城市景观的展示性大道，使它成为人们演绎生活的舞台。它利用上海高耸的建筑围合现代感极强的天际线，100 m 的超大空间也为世纪大道营造出独特的道路空间。世纪大道采用了非对称的横断剖面设计手法，这在我国还是第一例。同时它还是我国第一条步行道宽于机动车道的景观道路。在道路的节点设计中，它以时间为主题，设计两处雕塑广场，以及多处游憩园，利用植物、景观小品增加主题效果。在设计中它引入中国江南古典园林的形象，以黑色的沟边线代表黑瓦，用道路绿化中各种形状的门洞象征中国古典园林中的拱门，在现代化建筑的映衬下，创造出古典与现代的交融。在世纪大道中，步行道的独特设计增加了附近居民的活动范围，满足他们的活动、健身要求，更丰富了人们的日常交往和社会生活。

三、深圳深南大道

深南大道是横贯深圳市区中心地段最重要的城市干道，也是展现深圳城市风貌最重要的景观道路。它作为深圳特区建设最重要的城市轴线，横向贯穿了整个深圳市。

为展现深圳发展的城市特色，深南大道在整体设计时，充分利用城市中自然景观环境，保护生态环境；增加人性化设计，结合人的行为目的和情感需求，提高道路环境舒适性；重视城市发展历史，引入城市文脉，维护城市文化景观。

在道路设计时，深南大道在以往道路景观设计手法上进行了突破：借助沿街建筑轮廓线和后退控制线，形成了主次分明、错落有致、收放自如的空间效果；利用道路两旁绿地、高层建筑、超高层建筑之间的映衬关系，形成具有识别性的景观层次；利用建筑轮廓线的起伏变化，形成道路景观的起承转合，塑造多变的景观空间。

在道路标识导向系统设计中，结合由高层建筑和历史性建筑形成的城市标志性建筑和由雕塑、广告标识、交通标识以及建筑附属物形成的区域标识，共同形成具有识别性的景观系统。

在道路步行空间沿线形成多个开放空间，设计沿线建筑、绿化、公共设施、地面铺装等景观，为行人创造出更亲切的休憩场所。

在整体的道路设计中，还增加了城市文脉设计，在现代城市生活环境中融入历史文化元素，用以继承和保护城市的历史文化。

在道路景观规划过程中，还根据沿街历史文化建筑的实际情况，适当地进行拆除或整修；在历史建筑前，利用开敞的空间形式烘托历史建筑。

第五章　居住区景观规划与设计

第一节　概　述

一、居住区景观环境内容

随着现代环境意识运动的发展，人类对环境问题日益重视，良好的社区内、外环境已成为影响房地产市场的重要因素。当前，城市人口 1/2～2/3 的时间在居住区内，居住景观环境质量直接影响着人们的生活质量和生理、心理健康。一个良好的居住区环境规划已不再局限于传统的设计观念，而应是规划、建筑、景观三位一体的设计。小区景观环境同小区规划、建筑一样，需要了解市场动向，与开发商共同掌握居民及社会需求，关注人们所需的各项设施的配置，从而最大限度地满足人们从物质到精神上的需要。现代景观与传统园林的最大差别就是服务的对象不同。传统园林为少数人服务，现代景观强调面向群体。因此，人群在居住区中的活动区域将是最生动、最有意义的景观。

居住区环境是城市甚至区域环境中的一部分，因此它与城市的发展、城市生活的变化、自然生态的保护和环境优化息息相关。居住区环境又是为人服务的，与人的行为活动、心理需求等密切相关。居住区环境景观不仅是给居住者看的，同时也应该是给居住者用的，应注重形式与功能的有机结合，如图 5-1 所示，花园中小桥和凉亭既有使用功能，又具有观赏功能。居住区环境景观的构成要素可分为两种类型：一种是物质的构成，即人、建筑、绿化、水体、道路、设施、小品等实体要素；一种是精神文化的构成，即环境的历史、文脉、特色等。居住区环境景观是两者不可分割的统一体。精神内涵通过物质要素展现出来，使物质要素具有了文化性。

图 5-1　滨河花园

二、居住区景观环境价值

景观、使用绿化与居住区景观环境三大方面内容相适应，居住区景观环境的价值也体现在这三个方面。对于住户，居住区景观环境首先是一处可供使用的公共场所。这种公共场所既可向住户提供开放的公共活动绿地，也可满足住户个人的私密空间需求。居住区公共场所不仅可以通过绿化的环境、美化的围墙小品设施吸引住户走出居室，为住户提供与自然界万物交往的空间，还可以就近为住户提供面积充足、设备齐备的软质和硬质活动场地，使之加入公共活动的行列，提供住户之间人与人交往的场所，进而从精神上创造和谐融洽的社区氛围。

现在的居住区景观环境设计，不仅要注重绿化的形态，注重植物质感与色彩的配置，还要注重植物群落的生态化布局。不是简单的"绿化"，而是讲究生态的绿化。即便如此还不够，还要包括对整体环境的布局、地形处理、硬软质场地的划分、水体设计、活动设施的选择、景观建筑物的营造、照明设计、室外家具与小品设计等，即使一方地砖、一块缘石的选择和细部处理，也要在规划上深思熟虑以求整体环境的最优化，如图 5-2 所示。

图 5-2 居住区景观环境

景观方面，城市居住区景观环境在城市景观点线面构成中，属于量大面广的"景观面"，其景观环境建设对于城市整体景观环境质量至关重要。与现代城市人工作、生活、娱乐三元素一一对应，住宅小区以其特有的自然、宁静的景观环境而成为那些钢筋水泥丛林的办公环境的缓冲器。亲近、宜人的居住环境是城市人内在的需求。我国的居住区建设始于 1957 年，景观环境建设仅仅是"居住区绿化"。这种模式显然缺乏对景观环境三方面的统筹考虑。

房产改革以后，多数人自筹资金购买住宅，这笔资金数目不小，必须经过审慎研究、比较，以确定自己购买的不动产能够保值。随着人类对环境问题的日益重视，良好的社区内外环境已成为房地产市场中的有利因素。因为景观是活的，景观随时间而生长、扩大、美化，与建筑不同，景观从来都随时间推移而增值。

第二节 居住区景观规划与设计的原则及方法

一、居住区景观设计的原则

（一）多方协调性原则

这里的多方协调包含设计师、开发商和业主的协调，规划师、建筑师、景观设计师之间设计工作的协调以及景观设计师与各环节技术人员的协调。

对于开发商，打造现代居住区的目的在于获得最大的利益；对于建筑设计师和景观设计师，他们力求设计出完美的方案；对于业主，他们希望能居住在方便、舒适的环境中。住房改革之后，开发商有了更多的发挥空间，而业主也有了更广的选择。在这个过程中，设计师充当着重要的角色，是协调好三者之间关系的关键。在设计工作中，设计师不仅需要了解市场动向，也需要为开发商着想，尽量采用最为经济可行、最为有效的设计方法以达成设计师与开发商的共识。此外，设计师还必须掌握居民和社会的需求，关注人们所需要的各项设施和配置，最大限度地创造能够满足业主物质活动和精神活动需要的场所，因为景观设计工作最终是为人服务的。

规划师、建筑师、景观设计师的合作是创造高质量居住区景观环境的前提。过去的居住区设计往往是规划师先进行小区整体布局的规划，然后建筑师对住宅单体进行设计，最后才是景观设计师进行景观环境的建设，而且很长一段时间的景观环境建设还停留在"见缝插绿"的形式上。过去的这种居住区建设形式存在一定的弊端，在设计过程中规划师、建筑师和景观设计师各行其是，不注重整体的协调与交流，所以景观设计在设计作品中被孤立出来，在整体规划和建筑布局上面受到诸多限制。合理的居住区规划建设方式应该是规划师、建筑师、景观设计师同时介入，在设计过程中随时交流、相互协调，从而创造更为理想的总体布局。

景观设计工作是一项综合性强的工作，在具体的景观设计中，要考虑到景观设计师与其他相关技术人员的协作。景观设计师在具体工作中，通常要和造价师、结构工程师、水电工程师、植物设计师以及施工人员等进行合作，只有通过多方面的协调合作，才能保证景观设计工作和施工工作的正常进行，才能保证为居民创造出有品质保障的居住区环境。

（二）文脉传承原则

居住区景观设计文脉传承原则是从景观的文化表现角度出发的。近年来房地产存在过度开发的问题，在开发过程中忽略了民族文化和地方特色，建造的居住区景观华而不实，缺乏内涵。民族文化的继承是民族文脉得以保存和延续的根本。在现代居住区景观设计过程中，挖掘和提炼具有地方特色的风情、风俗并恰当地加以运用，对于体现景观的地方文化特征、增加区域内居民的文化凝聚力起着重要的作用。值得注意的是，文脉的传承并不是盲目地复制简单文化符号，而是经过深入地挖掘和研究，寻找出符合现代人审美要求，同时能延续文脉精髓所在的一种传承方式。

(三)以人为本原则

人本主义是从哲学的角度提出的,在国内外很早就有研究,而近现代在社会发展的多个领域都在提倡以人为本的思想。在不同的领域,以人为本的思想体现着自己的特色。居住区景观设计涉及多种学科,它以居住者为对象,以方便居住者生活并为其营造一个舒适、安宁并有良好功能的户外空间为目的,关键点就落实到"人"上。任何城市景观环境的创造,离开了人的活动,景观便失去了意义。居住区景观不仅是向人们展示室外环境空间,同时是供人使用、让人参与的。所以,在居住区景观设计的过程中,所有的设计活动都要以服务人为最终目的,要确切落实到人的具体活动和具体需求上。

以人为本的居住区景观设计要讲求实用、安全和人性化,要充分考虑人的情感、心理及生理需要。居住区景观是对应人们居住的室内环境而言的,是居民日常户外活动最集中的场所。大到整个小区外环境与周边环境的协调,要做到因地制宜,节约资源;小到小区的一棵植物的栽种、一把座椅放置的位置、垃圾桶的间距等都要做到经过诸多调查和考究。在室外环境中,也要注重尺度感,设施要达到人机工程学的要求,同时结合现代科学与技术,创造出能满足现代居民审美要求的、实用的、与时俱进的现代居住区景观环境,如图5-3所示。

图5-3 小区一角

（四）地域性原则

纵观人类发展历史，地域特色在人类的居住形式和居住区特色上有着明显的体现，不同地域的经济、政治、历史、文化、气候、环境以及自然资源等都有着区别。比如法国风情小镇和云南傣家的竹楼，因为地域的不同，在建筑形式和景观绿化上就有着明显的区别。法国风情小镇，由于当地人口数量少，自然风景良好，所以小镇比较集中，结合他们的信仰，在小镇通常建设有教堂等公共建筑。而傣家的民居，由于气候炎热，地面潮湿，所以常常由竹楼挑高而建，离地面设置一定距离，而且在材料选择上选用了当地比较盛产的竹子，如图5-4所示。当然，现代居住区在景观营造上和传统的民居有一定的区别，但是只有注重地域性原则，才能有效避免现代居住区景观风貌的雷同与千篇一律。同时对当地材料的运用、对自然资源的有效利用以及对场地设计中地形地貌的充分尊重，符合现代景观因地制宜的要求，从而有助于创造出更具地方特色和个性的居住区景观。

图5-4　傣家民居

（五）经济性原则

居住区景观设计，在建设上应力求做到经济适用。在设计过程中，首先，应做好成本预算工作，尽可能在优化方案的同时降低成本。其次，要注重设计方案实施的可行性，方案设计与方案的实施是一个复杂过程，太过复杂的设计，后期需要大量的人力、财力和物力资源。在具体的设计活动中，不应为了达到奢华的效果而盲目实行高成本的设计方案。最后，还应注重居住区建成后的管理和养护。现代居住区景观中常运用水进行造景，如图5-5所示的人造湖景观，各种动水、静水、溪流、瀑布、泳池等水景的设计引人入胜，但是水景的后期维护管理成本较高，后期养护常常不到位。据观察，市场中多数小区的水景在使用一段时间后废置或者污染严重，不利于居住区景观整体的发展与协调。所以在居住区景观设计中，要对设计前、设计中和设计后的资源进行综合分析，选出最佳方案。

图 5-5　人造湖景观

（六）生态原则

居住区景观设计生态原则是基于现代生态城市理论内容之上的要求。现代城市生态思想的渊源可以追溯到 1903 年霍华德的田园城市理论，"生态城市"一词，则起源于联合国科教文科组织第十六届大会决议通过的"人与生物圈计划"。该决议使生态城市理论迅速发展起来，并且在 20 世纪 80 年代趋于成熟，被认为是能够实现可持续发展的未来城市发展模式。生态城市理论包括城市自然生态观、城市经济生态观、城市社会生态观和复合生态观等综合城市生态学理论，并从生态学角度提出了解决城市弊病的一系列对策。生态导向的城市环境规划建设，不仅仅是单纯追求优美的自然环境，而应以人与自然相协调，社会、经济、自然持续发展为价值取向。它的研究视野不仅局限于物质环境，还要扩展到人与自然共存、共生、共荣的复合系统。

近年来生态城市思想被广泛运用到城市规划、建筑设计和景观设计等领域，在居住区景观设计中也逐渐受到重视。居住区景观设计生态原则包括复合生态原则、资源高效利用与节约、自然保护与生态恢复等。复合生态原则即是在居住区建设中，注重社会、自然、经济效益的最大化，不能忽视其一或者顾此失彼，力求实现整体效益最高；资源高效利用与节约，则是指在居住区景观建设中对资源的最小需求和高效利用，包括自然资源、人力资源、物力资源等；自然保护与生态恢复则要求对居住区景观建设中的一切自然景观和生物物种给予最大的保护，同时要减少对自然环境的消极影响，另外还要对被破坏的生态系统进行恢复，以及对未来生态影响进行预测，提前做好相关措施与准备。做到居住区景观设计的生态原则要求，有利于居住区景观环境可持续发展。

二、居住区景观设计的方法

（一）基地分析

居住区景观设计的现场条件需充分考虑总体规划与设计，包括规划总图、建筑单体、地下空间及其他设施设计。以居住区的总体规划与设计作为景观规划的最基本依据，对居民的需求和场地进行深入分析，设计出合适的居住区景观方案。

1.人的需求分析

居住区景观最终是为居民而设计的，要考虑居民的室外活动需求，如集会、健身、运动等，应该根据居民的需求布置适当的活动设施。主要规划内容包括多功能活动广场、儿童游乐场、老年人活动场地、健身运动场、小型休憩空间等。

2.场地分析

居住区景观规划主要是分析总体规划的内容，依据所提供的建筑形态、空间布局、竖向变化等要素，做出合适的景观设计方案。

在规划中，要特别关注总体规划中的建筑与道路布局形态；项目所提供的产品类型，如别墅、多层、高层还是复合地产等；项目中整体的风格定位以及如何沿袭。还要考虑建筑单体底层出入口的位置及室外标高的衔接状况，地下管网及地库等的位置及埋深与覆土状况，地库的出入口、消防车道及消防登高场地的要求等。

（二）立意构思

居住区景观规划创作较为自由，因而立意是关键。只有立意在先，方能将平面布局和主要的景点、节点有机地组织在一起。居住区景观规划确定一个好的立意，会让整个小区充满文化氛围。

小区的景观立意构思的来源众多，常见的方式有根据小区整体规划进行立意构思，根据小区所在的地区文化背景进行立意构思，对小区的人文要素、自然要素等进行提炼形成立意构思等。

（三）景观功能分区

居住区景观应兼顾"动""静"两大功能。居住区的"动"表现为为居民运动、健身而设置的网球场、篮球场、儿童游乐场以及集散广场等。此外，配套的商业区也属于"动"的功能范畴。在设计时，"动"的区域尺度可以放开些，以吸引人群，通常安排在远离住宅建筑的区域，以免干扰居民的正常休息。而"静"的部分主要是供人休憩赏景、交流静坐的场所，所以区域应适当缩小，控制人流，如图 5-6、图 5-7 所示。

图 5-6　运动休闲区

图 5-7　休憩赏景区

第三节　居住区景观规划与设计实例分析

一、河南·郑州：某居住区

（一）案例简介

该居住区坐落在集经济、政治、人文于一体的河南省省会——郑州市，该设计与郑州市的文化相吻合，创造出一个温馨、高雅、安静、和谐的居住区。

项目位置：该居住区位于河南省郑州市的管城回族区经济开发区经开第一大街与博才路交叉口的东南角，小区的交通便利、南侧有南三环高架，西侧有机场高速；地理位置优越，东侧有郑州交通技师学院，西北侧有经开区外国语小学，西侧与碧桂园天悦小区相邻，内部有乐柠国际幼儿园。

该居住区在道路交通规划上采用人车分流设计理念，小区的主干道宽 8～10 m，环形消防道路宽 6 m。地下车库出入口位于居住区内，使机动车辆直接进入地下车库，车道与人行道分开保证居住区行人的安全。车库入口处装了车行防撞灯、车位电子显示屏和造型夜视灯等设施，以便保证居民的出行安全和随时了解车位的数量及位置。

该居住区中的座椅在数量上根据人们的习惯，间隔 25 m 左右布置一个；在材料的选择上，选用木材、石材两种，保证了冬暖夏凉的效果；座椅还设置储存物品的功能，在座椅的下方设置有储存方格，方便居民休息时放置小件物品；在座椅上还设置了扶手，方便行动不便的人群。

当今时代，随着经济的发展，人民生活水平提高，人们在保证温饱的同时，逐渐关注精神层面的需求。有些人养殖宠物，为生活增添乐趣。养宠物渐渐成为大多数人生活中的一部分，在居住区生活的居民也不例外，因此在居住区景观设置宠物便利站也是不可或缺的。在便利站中放置了手套、卫生纸等物品，还设置了粪便池，保障小区内的环境卫生，为居民提供干净整洁的居住环境。

植物设计应充分考虑植物的特性，多采用对人的身体有利的植物。比如，有些植物具有驱蚊的效果，有些植物具有除尘的效果，有些植物具有芳香性，等等。考虑到一些植物具有驱蚊效果，将植物的功效与一些驱蚊工具结合使用，如驱蚊灯，可达到完美的驱蚊效果。在该居住区中安装了高速 Wi-Fi。实现全部园区的网络覆盖，生活在小区任何角落的人都可以连接 Wi-Fi，实现高速上网。该居住区建立了微信公众号便于居民随时随地了解居住区动态，增强居民之间的交流，丰富居住区生活。

（二）启发点与借鉴点

1. 人性化的细节设计

在居住区景观人性化设计中，要充分考虑人们的需求，设计出舒适的人际交往空间，为居民提供良好的交流场所。在一些景观元素的细节设计上，海珀兰轩设计者在设计桌椅的时候考虑各类人群的使用需求，可以放置物品，设置把手供行动不便的人群起立与坐下。

2. "适地适树"的植物设计

居住区的植物营造优美的景观环境，充分与地形结合形成多种空间，如封闭空间，半封闭空间及开放空间。植物种植时考虑"适地适树"的种植原则，充分强调美观性与实用性相结合的原理。该居住区大多数使用本土树种，如国槐、垂柳、女贞、大叶黄杨、金叶女贞等，如图 5-8 所示。

图 5-8　植物种植设计

3.顺应时代的发展

随着社会的发展，人的需求和生活方式也在不断地发生变化，因此人性化设计的理念应当不断地更新，从而满足居民的需求，真正做到与时俱进，创建最具人性化的居住区景观。该居住区中实现高速网络覆盖、建设宠物便利店便是顺应时代发展的体现。

二、泰国·曼谷：某公寓居住区

（一）案例简介

该公寓居住区位于曼谷吞武里区，由三座公寓楼和一个停车场组成。这里闹中取静，交通便利，离曼谷的 BTS Wutthakat 火车站不远。小区居住密度偏高，因此户外活动空间放置到居住区最醒目的位置以促进公寓销售。这个景观设计意图为在此居住的居民打造一个舒适怡人的户外环境，并保证他们的私人生活不受外界干扰。

在居住区主入口处，大堂占据了视觉的中心位置。经过精心修剪的灌木整齐地排列在路边，和步行长廊一起引导着人们前行，大堂入口处设计了低矮的墙体及灌木丛。

游泳池设计在大堂后面临近入口的地方。为了保证内部空间的私密性，设计师在大堂和泳池设计了一道景观墙，保证空间的私密性，视线可以通过镂空景观墙观察到泳池末端和公寓的底部，使空间具有趣味性、连贯性。

泳池区域的种植设计概念为"四季的变迁"，在不同时节绽放的花木告知住客季节的更迭。清新的绿色搭配着暖铜色的墙面，热带的植物和泳池水景为归家的住客洗涤每日辛勤工作的疲惫。

顺着泳池前行，跨过一条小小的水道后，便来到了位于第二栋公寓前方的主花园。造型简洁的亭子位于外侧尽端，成为花园和小区内部车道间的屏障，保护内部宽敞开阔的草坪。人们在这里所拥有的树木环绕的私密绿地空间，在熙熙攘攘的城市生活已经是一种奢侈。砾石铺装的粗糙纹理和自然生长的草本植物则和中央整齐平坦的草坪产生了有趣的对比，让场地愈显生机勃勃。

（二）启发点与借鉴点

1. 合理的空间划分

设计着重于空间氛围的营造，采取了小组团的形式，将不同的功能拆散安置在场地的不同角落。花园式布局让空间节奏疏密有致，同时也限定了每一个区域的边界，保护在其中活动的居民的隐私。

2. 宜居的生活环境

在熙熙攘攘的城市中，在居住区中设计以树木环绕的私密绿地空间、砾石铺装的粗糙纹理和自然生长的草本植物则和中央整齐平坦的草坪产生了有趣的对比，让场地愈显生机勃勃。高大的灌木丛和纵列植树为居民带来阴凉，让这普通的过道成为舒适的漫步道，同时也阻隔了视线，进一步保证了景观空间的私密性。

三、加拿大·不列颠哥伦比亚省：某社区

（一）案例简介

该社区所在地为原铁路总站旧址，社区位于温哥华中心城区的滨水地带，毗邻温哥华中心商业区；项目定位高密度条件下的新型城市滨海生活；项目占地面积83万平方米，总建筑面积110万平方米。社区呈分散型的布局方式，商业布置与公共开敞空间联系在一起，增加了商业的展示面。

五大开放式公园和滨海长廊提供开放性和多元性的休闲空间，倡导一种新的生活方式；在社区与森林公园之间兴建城市公共休闲地带，形成区域标志，建立与城市的联系。

3 km滨海长廊成为协和社区最著名的标志，保护3 km长的海岸线自然资

源，修建专用车道供行人及自行车通行；五大开放式公园提供儿童玩乐区、篮球场、曲棍球场、戏水池、休闲草坪、临海观景亭、自行车径等休闲娱乐空间；建立公共休闲地带，包括国家广场世界最大的气撑式圆顶体育馆、温哥华新中心图书馆、科学世界中心等，形成区域标识。

区域商业中心布置在核心区，建立与城市的联系，提升整体价值。主要商业位于社区中心，易形成核心区；商业布置与公共开敞空间联系在一起，增加了商业的展示面；部分商业与滨海绿化带结合，增强参与性的同时，最大化利用景观资源。

（二）启发点与借鉴点

1. 道路定向设计

设置供行人和自行车使用的道路，其他道路实行人车混行设计方式，道路系统对居住空间进行分割。在区域中部横贯一条城市道路，使之成为连接社区各组团的主要枢纽通道，并建立社区与城市的融合。社区的道路系统成为连接与分隔各组团和沟通社区与外部的枢纽。

2. 以人为本的设计理念

强调人与自然的融合，使五大开放式公园和滨海长廊贯穿整个社区，将社区与自然景观有机融合在一起。

第六章 滨河景观规划与设计

第一节 概 述

一、定义

城市滨河景观一般指通过对邻近的城市河流区域进行规划设计形成可供人们体验的优美风景,是长期的自然塑造与短期的人工建设的结合。长期的自然塑造包括风、雨水及地质活动所塑造的地表形态以及由植物、动物形成的生态系统;短期的人工建设指在城市化进程中人类对滨河区域的自然要素的改变(地形的改造、植物的布置等)和人工构筑物(水工建筑、道路、广场等)的建设,以达到可被人们利用的目的。当今城市滨河景观主要依靠人工建设形成,其设计规划的方式与其他类型相比更为复杂。

二、构成

滨河区域是城市中风景最为优美的地区之一,因为河流的存在带来了与其相关的众多景观元素,如水面的波纹和倒影以及点缀其中的游船、水边随风飘荡的芦苇、河岸上的垂柳和树荫下垂钓的人们、面向河流展开的城市建筑和道路、远处的峰峦都会展现在视野之内,而这就是城市滨河景观的魅力所在。

(一)水域景观

滨河景观设计通常是围绕着河流水域展开的,水域景观指所有在河流水面覆盖范围内形成的景观,包括水体自身形成的景观——水面的倒影和波纹,横跨河流之上的桥梁,如图6-1所示,河中的浅滩、沙洲、小岛等。

第六章 滨河景观规划与设计

图6-1 汾河景观

（二）水域过渡区域景观

水域过渡区域景观指水域和陆域的交界地带范围内的景观，其范围根据河流不同季节水位的高低而产生一定的变化，是滨河景观中最富魅力的区域，包括各种水边植物、护岸、不同高度的亲水步道和亲水平台等。如图6-2所示为晋阳湖水域景观。

图6-2 晋阳湖水域景观

（三）陆域景观

陆域景观指水陆过渡区域以外的一定范围内的陆地景观，此区域虽然离河流较远，但人们的视线仍与河流保持着联系，人们也可以通过道路方便地到达能看到河流的区域，从而使得人们在心理上仍能感受到河流的氛围，也为陆域景观赋予了水的特性。陆域景观的范围相对较大，景观设计的内容也更多，包括道路、广场、人工绿地、人造水景、景观构筑物、服务设施、城市建筑等。

（四）人类活动空间

由于人天生具有亲水性，人们普遍乐于在水域附近开展活动，又由于水的存在，人类可开展的活动种类更加丰富，为各种活动的开展设计适宜的空间是滨水景观设计的一个重点。景观是一个人类和环境交融的系统，对于在滨河区域观景的人来说，其他人的活动使整个风景更具生机和活力，人与自然彻底融合，即实现景、人一体化。人们可在滨河区域开展的活动包括划船、戏水、垂钓、散步、慢跑、骑自行车、放风筝等。

（五）远景

城市的滨河区域相对城市其他区域具有更为开阔的空间，人们的视野范围也更加开阔，远处的山或城市的地标、高层建筑往往成为视野范围内的背景，因此，城市滨河景观的设计在视线的引导上要注重对远景的运用，使滨河景观更加优美，如图6-3所示。

图6-3　晋阳湖远景

三、类型

城市滨河景观的类型按景观的表现形式和使用功能大致可分为三种：自然型、人工型、人工自然型。当今城市的滨河景观随着使用者功能需求的多样化，往往是因地制宜地采用多种类型的混合。

（一）自然型滨河景观

自然型滨河景观以规划区域内原有的自然风貌作为景观对象，以保护或恢复区域内的自然环境和生物多样性为目的，仅做少量不破坏现有自然景观和生态体系的低干预建设，以满足人们观光、科研的需要，大多具有蜿蜒曲折的河道和良好的植被覆盖。其通常位于城市郊区，使用强度低。

（二）人工型滨河景观

在城市化过程中，人们对于滨河区域的利用率越来越高，原有的自然环境无法满足高强度的使用后，人们对滨河区域进行以功能性为主导的建设活动，原河流环境基本被破坏，取而代之的是人工化的环境，由此形成人工型滨河景观，多具有笔直的河道、用坚固的硬质材料建成的几何形态的护岸、占比重较大的硬质铺地和部分人工绿地。人工型滨河景观一般位于城市中心地带，用地最为紧张，使用强度最大，安全要求最高。

（三）人工自然型滨河景观

人工自然型滨河景观介于上述两种类型之间，是在区域内自然环境现状无法满足人们的城市活动需要时，对滨河区域进行以创造优美环境为目标的，满足高强度使用需求的建设活动而形成的景观，原河流环境基本保留或受影响较小，多采用对环境友好的可渗透材料，并且人工绿地的营建建立在顺应河流自身生态特点的基础之上，很好地展现了河流环境的独特魅力，为城市居民提供了宝贵的绿色开放空间，多具有自然河流景观的特点，同时又具有道路、广场、景观小品等景观设施。人工自然型滨河景观一般临近城市居住区，用地较为宽裕，使用强度大，安全要求高。

四、城市滨河景观的特征

河流为城市滨河景观赋予了独特的魅力，河流的特性使滨河景观具备了区别于其他类型城市景观的明显特征，其主要体现在以下几方面。

（一）亲水性

在滨水景观设计中亲水性不单单指从活动角度讲的接近水或接触水，而是具有更深层次的含义，即人们与水在心理层面上的亲近。"亲水"一词被赋予了表面上的活动和深层次的精神这样双重的含义。作为活动概念的"亲水"是指具有戏水、垂钓等娱乐、消遣功能含义的词汇，而作为精神概念的"亲水"则是通过生态系统的保护以及滨水景观获得心理上、情感上的满足。人的天性中就存在着亲水特性，但人在自然状态下的河流区域活动时存在着一定的安全隐患，例如，在没有防护的河岸、河边土质松软的滩地等活动时可能会发生危险。为了满足人们的亲水需求和保障人们的人身安全，当今的城市滨水景观在设计规划时都很注重亲水设施的营造，为人们开展丰富的亲水活动创造条件。而且，在城市滨河景观中也经常在邻近河流的区域利用河流作为水源，营造各种人造水景，客观上扩大了河流的影响范围，提高了整个滨水景观的亲水性，如图6-4所示。

图6-4　滨水景观

（二）地域性

每一条河流的自然特征和生态过程都是当地独特自然条件演进的结果，因此也造就了独特的河流景观，形成了城市滨河景观的自然属性的地域性。例如，在河流下游的三角洲河段，常能形成宽阔的水面和缓慢的水流，而在上游谷底河段，常能形成较窄的河道和湍急的水流。

城市河流廊道不仅是体现自然价值的生态廊道、满足市民生活需要的休闲廊道，更是反映城市文化景观的遗产廊道。所谓遗产廊道是一个与绿色廊道相对应的概念，是拥有特殊文化资源集合的线性景观。因此，形成了城市滨河景观文化属性的地域性。从城市到乡村，水岸始终是城乡的"窗口"和"客厅"，水质安全、环境整洁、生态多样性丰富、植物多彩和富有文化内涵的水岸空间，不仅关系到人们的生活需求和社会的发展，同时还代表着城乡社会的生存环境、文化风格和整体形象。例如：市民经常在滨河区域开放空间开展当地特有活动展示一座城市的民俗文化；部分滨河景观节点会设置展示城市历史文化的景观设施；沿河流分布的城市景观往往会成为一座城市最为直观的"城市名片"。

（三）生态的多样性

理想的滨河地带应同时具有三种环境类型：水体环境、水岸环境、陆地环境。一般在人们视野可见的范围内，水体环境中有水草、鱼类，水岸环境中有浮叶植物、挺水植物、两栖动物和水鸟，陆地环境中有地被植物、灌木、乔木、鸟类。三种环境共同组成了一个复杂且多样的滨河生态系统，是一座城市宝贵的自然资源，而且三种不同的环境及各自孕育出的植物、动物为人们提供了丰富多变的观景对象。在景观环境中，视觉上形成的复杂性越高，其所带来的吸引力也越大，整体景观则显得丰富多变，也正是这种丰富多变吸引着人们前往水边。

（四）带状空间

城市滨河景观一般沿河流展开，以河流为依托形成连续的带状开放空间，在滨河区域的规划设计中以河流为中心，各景观节点和主要道路基本以河流的走向为主要轴线，形成了良好的景观序列，而通向河边的道路则往往成为次要轴线，作为城市其他区域通往河流区域的路径，如图6-5所示。

图6-5 公园带状步道

第二节　滨河景观规划与设计的目标、原则及思路

一、目标

当前，我国的城市化如火如荼地进行，滨河景观建设作为城市景观建设的一部分也在迅速开展，许多城市修建较早的滨河景观急需改造，部分新兴城镇的滨河区域也处在开发的热潮中。在当前的河流区域城市化进程中，存在许多较为严重的问题，例如：对自然河流生态环境的漠视现象严重，自然河流被过度开发丧失了河流的生态功能；滨水景观建设的跟风现象严重，滨水景观趋同化、地方特色的消失；等等。因此，要塑造高质量的滨河景观就要针对各条河流的不同，以城市整体环境、经济、文化为背景，来确定城市滨河景观的建设目标。

（一）河流环境的保护和恢复

以保护或修复河流自然生态环境为目标，恢复河流水体的生态功能和自然多变的河流形态，营造完整的河流生态系统，从而实现滨河区域乃至整个城市环境质量的提升。滨河景观的设计应尽量减少对河流自然环境的破坏，在不影响河流自然水文的前提下，营造符合人们需求的城市绿色开放空间，实现城市滨河区域生态环境和人工环境的和谐共处，实现滨河区域的可持续发展。

（二）营造城市绿色开放空间

城市河流是所有居民的宝贵财富，在当前城市环境日益恶化、空间日益拥挤的背景下，其价值愈发凸显，滨河景观应成为所有市民的绿色财富，而不应成为某些企业或住宅区的私人领地。在河流沿岸划定专项区域来营造滨河景观，为人们提供具有良好可达性的绿色开放空间，使全体市民都可以平等地享受到河流的自然美景，同时，使用人群和开展活动的多样化也可以使整个滨河区域更富有活力和发展潜力。

（三）城市滨河区域的经济发展

任何城市公共设施的建设都要以持续不断的资金投入作为后盾，因此，滨河景观的开发建设和后期维护都是一项巨大的投资。滨河景观的建设应放入城市发展的背景之下，促进周边区域的经济发展。滨河景观的建设应充分利用亲

近水的独特优势，营造自然、舒适的生活、工作环境，形成城市的精品区域，为金融业、高端服务业、高科技企业、精品住宅区的落户提供条件，实现滨河区域经济的可持续发展。

二、原则

城市滨河景观是在原有自然河流景观的基础上经过设计，变为可以被人们使用的景观，是自然景观和人工景观的结合。其设计的对象是滨河区域，服务对象是城市居民，设计内容是处理人与河流的关系，即设计既要维持河流生态的动态平衡，又要满足人们活动时的需求，具有一定的难度和复杂性。所以，总结城市滨河景观设计的原则十分必要。具体可以归纳为如下几点。

（一）河流环境优先原则

河流环境优先原则主要指对河流自然环境的保护，其主要体现为对河流自然水文过程的保护。在城市滨河景观设计中，出于安全、可控性和调整原景观生态格局不合理部分和人类自身有限度开发利用河流资源的需要，经常会建设一些水利工程设施，如橡胶水坝、硬质护岸、人工生态护岸、漫滩、湿地、导出性支流、蓄洪池、缓洪池等，这些水利工程设施的建设虽然是出于城市防洪安全考虑，但也不能按照原来简单粗暴的方式来设计，应按照生态学原理，在保护河流自然水文过程的前提下对水利工程设施进行设计，具体可以体现为以下几点。

①河道的开发忌裁弯取直，弯曲的河道中有浅滩、深潭、缓流、急流，为不同习性的动植物提供了必要的栖息环境，保证了河流的生物多样性。

②硬质护岸应尽量减少，要经过科学调查和精密计算，对受最大风速及最高水位影响较大的部位进行防护，并尽量借用植物元素对其进行美化装饰。

③软质护岸（自然护岸和人工自然护岸）的设计应该注重考虑洪水问题，可以设置多个分层，并采用根系强大的植物强化护岸，为洪水留出空间，以空间换安全。

④堤坝的建立一定要经过科学论证，设计时一定要考虑河流中水生动物的栖息环境，不能切断其物质交换、能量获取、生殖繁衍的通道。

⑤缓洪池、蓄洪池不仅要按照暴雨强度公式和径流计算方法得出池塘的宽度和深度，还应运用植物蓄水、消除冲击力等方法进行生态工程设计。

（二）景观本土化原则

规划设计手法的相似使得当前众多城市的滨河景观都存在着千城一面的现象，因此，创造具有本地特色的滨河景观的愿望越来越强烈。采用景观本土化原则主要体现在设计过程中保护本土景观的自然条件基底和文化基底，对场地原有的地形条件、自然生境尽量保留，因为每一条河流都是不同的，都有其自身的特质，这就决定了滨河景观表面形态的不同。同时，对场地的文化景观遗址也要保留，并且在整体设计上赋予当地的文化和审美情趣，这就决定了滨河景观内在气质的不同。

（三）营造场所原则

营造场所原则指为人们创造能在滨水区域开展活动的空间。场所包括了空间内发生的活动，同时也包括了空间本身。人的活动是场所的主导因素，如果空间不适合开展相关活动，空间只能是无用之地，所以空间的处理要符合人的生理和心理需求以及行为习惯，即要注重人在空间中的体验，正如西蒙兹所说——景观最终是一种体验。因此，在滨河景观的设计中，要以营造场所的标准来建立和组织空间。

（四）多学科融合原则

滨河景观设计研究所涉及的范围是非常广泛的，它包括城市规划学、生态学、土木工程学、水利学、市政道桥、管线综合、生物学、污染治理等自然科学类学科。同时，它还包括哲学、文学、历史学、美学、心理学、经济学等人文科学类学科。可以看出，它涉及的专业学科众多，所以需要多学科的技术支持与融合，以便于合理组织滨河景观的各个要素。景观设计人员不仅要了解、熟悉相关知识，还需要组织相关专业人员参与设计中，从而创造出满足各方面要求的滨河景观。

（五）亲水原则

城市滨河区域最吸引人之处是水环境。人天生就具有亲水性，因此，在滨河景观的营造过程中，要处处体现出水的存在。亲水原则主要体现在滨水空间的打造和亲水设施的设立上。

滨水空间的打造要体现出空间与河流的联系。一方面要将活动空间与河流之间用通畅的道路连接，人们可以畅通无阻地前往水边，即注重河流景观的可达性；另一方面，要注重各空间在视线上与河流的联系，注重水边植物的搭配，即使在距离河流稍远的空间内也应该可以观察到河流的存在。

亲水设施要根据各区域的具体条件，针对其适合开展的亲水活动来设立亲水设施，例如河边设置亲水步道或浮船码头、利用护岸的高差做亲水台阶、在河岸边较高的地方设置观景平台等。

三、设计思路

通常在滨河景观设计时,针对不同的场地条件和项目要求有不同的设计方法,在同一个滨河景观设计项目中会用到多种设计方法,而且在设计的不同阶段会有所侧重,下面将对常用的几种设计思路进行介绍和分析。

(一)地域文脉

地域的历史文脉是一片区域随着时间的推移所累积下来的历史痕迹,是不同时代文化印记的积累。滨河区域有其自身发展轨迹所形成的特殊的区域风格,而这些特殊的区域风格就成为地域文脉法所要挖掘的关键点。地域文脉通常以特殊的区域风格为出发点,致力于延续地域的历史和其所承载的文化,并将这些作为设计的主题,在原有的网络上叠加新的网络,并且彼此互不干扰,新的网络可以与当代的需求相对接,而旧网络则可以保护场地所属的地域历史文化记忆和原有的自然环境。

西雅图煤气厂公园位于1906年建设的西雅图煤气厂的旧址上,景观设计师理查德·海格没有采用惯常的设计手法——拆除工厂建筑,种上树林和草地,将曾经的历史痕迹彻底抹去,而是决定尊重场地现有环境,根据现有元素来设计公园。设计师经过深思熟虑选择保留煤气厂的工业设备,使其变为工业时代的考古遗迹和巨大的雕塑式景观,并将部分工业设施和厂房改造成具有休闲、餐饮、娱乐等功能的公园设施。曾经被认为丑陋的工厂,作为工业时代的象征,在后工业社会摇身一变成了具有历史、美学和实用价值的城市开放空间。

(二)城市设计

许多城市都是依河而建,滨河景观是城市景观的重要组成部分,城市运行发展的综合性对滨河景观的设计提出了多元化的要求,因此处理好城市与河流的关系就显得十分重要。城市设计指通过对滨河区域及城市腹地的交通结构、用地功能分析、人群构成、环境条件等多方面因素的调查研究,实现滨河景观与城市原有肌理的融合。在上述因素中,城市的交通结构是影响最大的,如果滨河景观交通网络的设计充分考虑到城市交通网络的现状,做到与其无缝对接,就可以提高滨河区域的可达性,增加滨水景观的利用率,让更多人享受到城市河流风景。

杭州西湖湖滨规划虽然不属于严格意义上的滨河景观设计,但是因为共同的"水"的属性,两者在景观的营造方面是极其相似的。湖滨区域是杭州重要的商业、旅游区域。20世纪80年代,西湖环湖绿地建成,湖滨绿地的建成本应大大提高杭州滨湖区域的景观质量，但是因为当时规划方法上的局限，湖滨绿地的布局没有充分考虑城市和西湖的关系，绿地与西湖没有形成良好的视觉和空间联系，使得景观与城市被割裂，导致其景观质量和产生的综合效益大打折扣。2002年，新的杭州西湖湖滨地区规划开始，设计者从城市与滨湖景观的关系入手，根据场地周边现有的商业服务区块和交通情况，增强了湖滨绿地的可达性，将过境的汽车交通转移到地下，将原来的汽车道改造为由公园绿地、滨水广场、步行街组成的城市开放空间，在视线和空间关系上增加了西湖和城市湖滨区域的联系，这些联系将城市和景观紧密结合，人们可以自由地在湖滨绿地和周边商业服务设施之间活动，创造出生机勃勃的环境氛围。

（三）功能设计

功能设计是以滨河景观所提供的各种功能为导向的设计方法，滨河景观所提供的一般功能包括防洪、水利、生态改善、城市景观改善和为人们提供公共开放空间等。功能设计以具体的功能需要为设计出发点，采取相对应的解决措施来设计滨河景观，最终可以产生较为完善的设计方案。

天津海河总体规划及河岸设计于2003年开展，设计旨在改善海河两岸的城市景观和自然环境。设计师意图打造一项融合绿化、景观、文化和交通等多种功能的综合型设计，而不仅仅是单纯的景观塑造，从而实现能提供完整功能的滨河区域整体设计。在设计过程中，设计者根据场地特点对海河区域进行功能划分，形成4个功能区——历史文化风貌区、都会消费娱乐区、中央商贸金融区、智慧城，由此实现了宏观上的景观功能和社会经济功能，为天津市的发展注入了新的活力。规划在滨河区域设置了尺度亲切的滨河步道，使人们可以顺利地进入亲水空间，实现人、水、城市间的融合；滨河空间的设计注重亲水活动的开展，为垂钓、散步、慢跑等活动提供了便利的条件，满足了人们开展亲水活动的需求。海河滨河景观设计不仅满足了城市发展的需求，而且为市民提供了满足各项功能需求的亲水空间。

（四）生态设计

生态设计的兴起和发展是随着环境的污染和环保意识的树立而进步的。1969年，伊恩·麦克哈格的《设计结合自然》一书的出版奠定了景观设计学科的生态学基础，自此，生态设计的思想越发深入人心，采用生态设计的景观项目也逐渐增多。

当前，滨河景观设计采用的生态学方法是将城市河流作为一个完整的生态系统来进行保护或恢复，这个系统中包含了河流的自然水文过程、水生动植物和周边陆域的动植物现状等。滨河空间是河流生态系统和陆地生态系统的交界处，形成了水陆交汇的特殊生态系统，其生态价值对于城市来说是极其宝贵的。采用生态设计可以保护河流环境，推动城市的可持续发展。

生态设计虽然是针对区域生态系统的设计，看似与可见的景观无关，但是其外在表现却是非常引人注目的，如在西方城市一些现代建筑环境中，种植一些美丽而未经驯化的当地野生植物，与人工构筑物形成对比；在城市中心的公园中设立自然保护地，展现荒野的景观，不设任何游览与服务设施。这种设计方法不仅满足了人们对乡土景观的视觉和精神上的需求，还具有实际的生态价值，它能够为当地的野生动植物提供一个自然的、不受干扰的栖息地。而且随着城市居民对自然风景的喜好越来越强，生态设计法逐渐被更多项目采用。

美国华盛顿州的 Renton 水园处处体现了生态设计的思想，同时也富有自然的艺术美感。场地内原有一块湿地，位于一座污水处理厂旁，在雨量较大的时候，周边区域的地表径流会汇集到场地内，形成相当大的水量，如果采用传统的管道排水，会造成巨大的花费，同时对场地内原有的湿地环境也会造成破坏。因此，水园采用生态设计的方法，新建了 11 个池塘用来收集雨水，带有颗粒状污染物的地表径流经过池塘的沉淀后流入湿地，之后水流经过呈带状种植的多种湿地植物的过滤后得到完全的净化。水流动的过程中，还会经过五个种植了大型开花植物的花园空间，其中布置有一处充满野趣的岩洞，洞窟的表皮有彩色的石块和卵石作为装饰，地面的图案形似植物，其纹理从地面延伸到墙上，代表着水的净化再生，极富有象征意义。水园的设计体现了生态系统的动态平衡和调节能力。

第三节　滨河景观规划与设计实例分析

本节以黄河三角洲地区为例，介绍城市滨河景观规划与设计的内容和方法。

一、滨河景观设计与黄河三角洲文化相结合

（一）突出滨河景观的文化主题

地区与地区之间存在一定的差异性，这不仅表现为地理环境上的差异，还

表现为地域文化、历史遗存上的差异。城市滨河景观承载着城市历史文化。每个城市独有的文化是这个城市内涵的精神代表，通过历史人文可以了解到城市的沉淀岁月。每个地区的文化发展都与当地的自然地理环境、历史背景下的人文活动及文化创新的延续密切相关。在城市滨河景观营造中，文化在滨河景观中的呈现展示了一个城市的历史发展过程，体现了滨河景观的历史性、文化性、社会性及与时俱进的特点。在设计过程中不仅要掌握黄河三角洲地区的自然地理特征，还要了解该地区的地域历史文化内涵与精髓。

不是每个城市都是历史名城，这就需要通过设计手段来体现景观特征，将想要表达的思想主题注入滨河景观设计中。在对城市滨河景观进行主题注入时，首先要对黄河三角洲地区的文化特色与城市自然进行归纳并加以分析，提取可利用地区文化元素与景观特征来确定设计思路及设计目标，再通过设计方法及手段贯彻落实景观塑造，将城市文化与整个城市空间塑造相结合并加以创新来突出滨河景观文化主题。黄河三角洲地区有浓重的佛教文化、秦文化、鲁文化等文化特色，这些都是滨河景观设计的可提取元素。设计要从视觉、心理感受方面出发，根据文化特色对滨河景观进行创新，突出文化主题，既体现了城市滨河景观对文化的传承创新与发展，又体现了大众景观空间观赏水平的进步。滨河空间的主题注入是对滨河空间的景观营造，也是滨河景观设计的主要内容。在线性空间的景观设计中，线性空间格局中包括景观分区、景观节点，这是滨河线性空间最主要突出的空间。景观分区是以滨河区域的自然地理环境及地域文化为基础进行划分，对其进行空间特色定位以及文化特色定位。这样，文化主题的突出、空间特色的区分使得整个线性滨河空间在统一规整中显现出个性。

（二）地域历史文化元素的提取及表达

各个地区地域文化的不同，使得各地区滨河景观设计提取的文化元素亦有不同。各地出土的文物，广为流传的历史人物传记，神话、宗教文化的影响以及人文习俗都是滨河景观设计文化元素提取的源泉。设计元素可通过各种形式在滨河景观中表达出来。

首先，图案纹饰的提取。在地区不同历史阶段遗留下来的图案纹饰是不同的，将其进行重新组织并在滨河景观中用铺装等形式呈现能体现历史演变的寓意。

其次，历史故事的重现可通过石刻浮雕的形式进行重新演绎。人物、文物等可通过雕塑的形式加以体现。

再次，在进行黄河三角洲地区城市滨河景观空间设计时，将该地区的地域文化元素以不同的景观表现形式进行整合、重构，同时也要满足人们的审美需要，使之呈现的滨河景观具有强大的视觉感染力。

最后，布置水景小品满足精神寄托。通过石碑雕刻、雕塑等方式设置景观小品，可用来纪念已故的文人雅士，传播当地历史文化，弘扬中华优秀文化。滨河景观与地域历史文化的结合，增强了滨河景观的文化底蕴，使滨河景观更具有地区代表性，丰富人们的文化视野，陶冶人们的生活情操。古人多寄情于景，可见透露着优秀文化气息的景观可激发人们内心对美的追求，内心情感的跌宕起伏也便丰富了诗人的创作灵感。例如，马戴的《远水》中的"荡漾空沙际，虚明入远天。秋光照不极，鸟影去无边"以及王维的《汉江临泛》中的"江流天地外，山色有无中"等诗句。诗人以豪放的诗情写出对水的咏叹、赞美、歌颂之情，这都是诗人观景后的有感而发。所以，滨河景观中文人雅士小品的出现能够提高人们的文化素养及对生活的积极追求。地域文化以不同形式进行直观的展现，历史文化元素与时尚元素的结合、建筑样式与空间环境的结合、生态原理与文化的结合、图文元素与寓意内涵的结合，多样性的元素重叠使滨河景观内容丰富，创造出贯通滨河景观的特色场景空间。

（三）人文景观空间利用

城市滨河空间是供人们休闲娱乐的活动场所，滨河景观的营造是以为大众服务为基础的。人文空间的设计与使用是滨河景观统一整体必不可少的组成部分。人文景观空间的使用需要通过人们的活动来承载，这样才会实现人文景观空间的实用价值。在一个完整的滨河景观设计中，人文活动的展开对于整个滨河空间环境的健康运转起着至关重要的作用。人文活动以多种多样的活动场地为依托，以满足城市居民的生产生活需求为目标，并在居民生活的品质提升上起着重要作用。人文活动是动态运动和发展的，蕴含在人们的各种活动之中，并且对历史传承、文化脉络等起到传播作用，人文活动反映了地区的文化特色和文化背景。

（四）追求"意""象"的结合

在中国古典园林中追求意境的表达是至关重要的，意念的情感表达能够使整个景观效果达到"质"的高度，让人游走在其中体验不同的心理感受。例如：孔子走在河边产生"逝者如斯夫，不舍昼夜"的感慨；《汉书·董仲舒传》中记载了"临渊羡鱼，不如退而结网"的感想；还有由口渴引发的"渴望""渴念"心理，由河川溪流百折而通行无阻引发的"百折不回"心理，以及通过对水十分细致的观察而引发"百般塑造、变化多端"的心理等。

在城市滨河景观中亦是如此。意念需要通过物象的呈现来传达，不断挖掘黄河三角洲地区地域文化元素，通过物象具体设计实体呈现，做到形式与内容的完美统一，杜绝华而不实的表现。滨河景观空间讲究一定的节奏韵律感，在某一特定的主题下，在整个景观空间的重要节点内容呈现上都要有一定的贯通性、连续性。形式的统一是最基本的要求，以避免整个滨河景观杂乱无章，缺乏统一主题。滨河景观中的地段空间之间存在差异，视野的局部空间之间存在差异，但是整个滨河景观应寻求"变化中的统一"，这样既丰富了滨河景观，使其不会单一、充满变化，同时又整体统一，在给人以步移景异感受的同时又不会使人觉得脱离整个空间。惊喜与创新并重是滨河景观设计价值之所在。

在黄河三角洲区地区城市滨河空间植物景观设计中，应在考虑黄河三角洲地区特殊的自然环境条件的基础上，选择适宜的陆生植物及水生植物，巧用植物寓意，营造小空间的文化气氛。黄河三角洲地区有其自身的历史文化，对于滨河地带的历史遗存、佛教宗教文化、古典园林等特殊空间的营造，可用各种植物的配置配景营造出相应文化气息，使游客产生联想与共鸣。

二、滨河景观植物的选择

（一）植物选择方法

1. 因地制宜，适地适树

通常，山体绿化要选择耐寒并有利于强化山景的树种，水边绿化要选择耐水湿的植物等。黄河三角洲地区滨河景观植物的选择要注意以下几点。

①耐盐碱能力强。滨河空间的种植设计应在基地环境资源的基础上生成，植物选择要合理。地区之间的差异性在选择适宜本土生长的植物时是必须考虑的。黄河三角洲地区，由于自然及人为因素形成滨海盐碱地，使得植物景观在营造过程中受到一定的限制。植物是城市滨河景观的主要元素之一，起着举足轻重的作用。土壤是植物景观必不可少的环境因素，所以在黄河三角洲地区特殊的土壤特质下，选择适宜该地区的植物是非常有必要的。黄河三角洲地区有其特殊所在，植物的选择必须能够适应黄河三角洲地区的盐碱地环境，使各种植物的生长和发育趋向正常，为植物的正常生长提供良好适宜的生态环境，充分发挥植物景观在黄河三角洲地区城市滨河景观中的生态效益与观赏价值。地区与地区之间存在一定的环境差异，应该根据地区特殊的环境条件选择适宜种植的植物物种，并且要充分考虑植物的生态习性，看其是否能够在相应区域长期生存下去。在黄河三角洲地区城市滨河景观设计中，植物必须要有兼顾治理水土流失的功能作用，所以选择适宜的植物品种也是有必要的。

②植物的选择尊重地域乡土原则。在滨河植物景观设计中，主要利用本地的乡土植物配置成乡土植物景观体现地域文化，传承城市文脉，反映城市的生态环境、文化背景与价值。乡土植物是经历当地漫长演变过程的土生土长的植物物种，生命力较为顽强，是能够适应当地环境的最佳植物选择。乡土植物具有一定的实用性、适应性、代表性，并且乡土植物景观对优秀地域文化的传承有着直接作用。滨河植物景观承载着作为城市灵魂的地域文化，应该更加注重优秀文化内涵的表达，体现文化的演变历程，让人们对滨河植物景观有一定的认可度和归属感。同时，滨河空间乡土植物景观设计应该以一种延续变化而非传统固执的方式来传承黄河三角洲地区的地域文化，使滨河植物景观与传统及现代文化融合并加以创新，营造出适宜的滨河景观。

2. 净化力强，兼顾治理水土流失

选择适宜黄河三角洲地区城市滨河地带生长的植物，能够提升植物的成活率，充分发挥植物的生态功能。植物的根系通过吸附和过滤水体中的有害物质来分解和减少水中的杂质，使水体净化。在黄河三角洲地区，有部分城市河流水资源污染严重，河流散发着恶臭气味，严重影响居民生活。同时，这样的河流环境也无法提高大众的环保意识，而将其作为垃圾投入地，会使环境问题更加恶劣，加重水体污染。因此，在滨河景观设计初期，就应该先考虑好适宜黄河三角洲地区生长并且具有强效净化功能的水生植物。

①抗旱耐涝，抗冻耐热能力强。由于黄河三角洲地区属于暖温带半湿润大陆性季风气候区，冬寒夏热，气候较为干旱，偶尔会发生旱情，降雨在时间上分布不均，春秋时节少雨，夏季降雨量较大，所以若是排水系统不完善就会产生内涝。同时，植物吸收、转化、降解水体中的杂质从而净化水体，是全年连续进行的循环过程，因此，应选择既能够抗旱耐涝又能够长期生存在严寒酷暑环境下的植物，这样便可适应黄河三角洲地区环境，从而保证植物的成活率和净水效果。

②耐污染、抗病虫害能力强。河流中的植物环境决定着植物要长期接触或浸泡在污染物量大的水体中，而水体由于自身条件会滋生很多细菌微生物、病虫害。病虫害会影响到水生植物的生存，降低植物成活率。水生植物对污水中有害物质的去除有重要影响。因此，要选择抗污能力强且抗病虫害能力强的植物。

③兼顾治理水土流失，适应能力强。在滨河地带，河流水体与地面之间有一定的高差距离与远近距离，土壤的松弛会使得河流水体污浊、河流面积减少甚至消失。由于黄河三角洲地区土地盐碱化，因此要选择适宜盐碱地生存又可兼顾治理水土流失的植物。

3. 观赏效果佳，追求意境美

城市滨河空间植物景观亦要满足滨河景观的视觉美感，所以要进行合理的植物配置及选择来解决黄河三角洲地区植物品种单一、植物成活率低等问题。城市滨河空间是供公众娱乐休闲、令人们有归属感的地方，好的景观特色可以吸引游客观光并满足其心理需要，让人们产生一定的认可度和归属感。所以，在黄河三角洲地区滨河景观营造的过程中要选择观赏性强的植物，根据植物的枝干形体、叶形、花色、气味等元素，通过利用色彩、对比等表现技法，组织营造出独特的滨河空间。观赏植物可选择较长时期有花可赏的植物。

4. 冬季适应能力强，生长期长

滨河景观中，由于冬季寒冷而出现植物枯萎死亡会影响河流生态系统的正常运转，因而常绿植物以及冬季能够生长的水生植物是滨河植物的正确选择，以保证滨河景观的正常运行。同时要考虑到植物生长效果、生长情况等，以保证生态系统的稳定性。

（二）植物配置

1. 从美学角度进行水生植物配置

（1）水生植物配置

水生植物自身具有一定的形态、色泽、气味、质感以及性格特征，代表其魅力特征所在。在配置水生植物时，水体的宽窄、深浅、状态与植物特征按照一定的设计主题思想搭配，以求达到心之所向的意境。城市植物景观中的水生植物通常以河流、水池等静态水体为依托，以丰富水体景观层次为目标，点缀水面，以优化城市环境为最终目的。

①形态美与色泽美。水生植物有其不同的叶形、花形、茎秆体形，如观叶植物就有花叶菖蒲、旱伞草、芦竹、芦苇等植物，观花形植物有水生美人蕉、鸢尾、荷花等植物。水生植物具有万紫千红的色彩、明亮的色泽。在植物景观设计中，植物由于形态的异同可形成不同质感的植物美景，从而能够丰富水空间层次，使空间更加富有灵动气息。在配置水生植物时，植物各有千秋，却又在景观形成以后浑然一体，形成一幅幅美丽的风景画。植物的形态与色彩美感构成的不同色调的水景空间感染着人们的心理状态：暖色调可以温暖人的心境，使游人心情爽朗；冷色调则让人更冷静。不同的休憩空间营造不同色调的水生植物生态与小空间融洽。所以，在进行植物配置时，可以运用植物形体上与色彩上的对比、互补、呼应及自然调和来强调景观的韵律、节奏，达到静而有动、统一而富有变化的水体景观空间。

②气味美与质感美。水生植物中不乏"香水气息"的植物。明末计成撰写

的《园冶·立基》中的"遥遥十里荷风，递香幽室"，描写了荷花种植水中的幽静、清香怡人之感，芙蓉香气亦让人气定神闲，怡然自得。香气亦是植物景观设计重要的一方面，幽幽香气蔓延水岸，使游人更加想要亲近水体、接近自然，令游人神清气爽。水生植物的质感主要受到叶形、花形、色泽等因素的影响，不同花的外形会给人不同的性格特征感觉，如荷花给人一种柔美娇羞的感觉；芦苇的花絮给人一种轻松自在的飘逸感，更加让人亲近自然；旱伞草等植物虽然可爱生动，但会给人脆弱的感觉，惹人怜惜。植物香气与植物自身质感的融合以及植物与植物之间质感的对比都是丰富滨河植物景观配置时应当关注的重要部分。例如，潺潺的流水声配以精致的水生植物与岸边随风摇曳的柳絮形成一幅清新美卷。水生植物景观设计中，植物的粗糙会使空间凌乱无秩序感存在，应该综合考虑植物季节变化所带来质感的异样，选择质感细腻的植物来进行配置。

（2）水生植物配置面积尺度应适宜

由宽阔水面呈现出来的烟波浩渺、碧波荡漾的水体特征给人以空旷的心理感受。因此，在进行水生植物配置时，要考虑水体景观空间的统一连贯性，同时借助碧波倒影来营造朦胧虚幻感，丰富水景空间层次，呈现出壮观的视觉盛宴。水生植物生长面积占水体面积的1/3以内最为适宜，若是超出比例范围，水面会显得拥挤，若是浮水植物生长面积过大则会遮挡水面使沉水植物无法进行光合作用从而影响沉水植物的生长，导致整体景观效果的呈现不理想。其中，在曲折流觞、面积较小的水体空间中，应更加注重人的亲水性体验，对水生植物的观赏性要求较高。水生植物的配置要扬长避短，充分发挥其形态、颜色、气味等景观优势，同时注意植物间距应疏密有度，创造更加细腻的景观效果。有些水生植物具有特殊属性，例如，自由生长的趋势以及对水面的覆盖性遮蔽都会造成对水体的干扰，针对上述问题可以采取一些隔离措施，对水生植物的生长起到固定成型的作用，且有效控制其延伸范围。水生植物与水体的关系同样属于互动的关系，两者之间相辅相成。良好的水生态环境给水生植物提供良好的生存环境，同样，形态优美的水生植物也给城市植物景观增光添彩。

（3）水生植物于浅水区的配置

浅水区的水体一般清澈见底，所以植物配置需更加明朗清晰，应更加追求植物的艺术美感，考虑环境色彩的调和与岸边植物的线条。清澈如镜的湖水是调和岸边绿树、花木、建筑及水中蓝天、白云等各种景色的最佳底色，并对花草树木的四季色彩变化具有衬托作用；岸边各种植物的形态和线条，则丰富了水际景观。浅水区植物与石岸、混凝土岸、木栈道岸融合，并结合区域原有地形、轮廓、水岸线组织，设计出疏密有度、远近适可、蜿蜒灵动丰富多样的配置形式。水体的柔美搭档植物的活泼生动软化了石堆、混凝土的生冷、坚硬、枯燥无趣。浅水区植物不宜过多，起到点缀作用即可，同时要与湿生植物衔接好，形成统一的植物景观。

2. 从生态效益角度进行水生植物配置

在营造地区性滨河景观时，必须在结合黄河三角洲地区的地质地貌、自然环境以及被污染水体具体状态及性质的基础上来追求滨河景观生成后的生态效益。在研究掌握每种水生植物生长习性的基础上，根据挺水植物、沉水植物、浮水植物各自的生态特征形成植物群落，以求达到自然湿地生态系统的状态。在滨河景观设计中必须考虑到植物的生长高度，配置在水底高度适宜的位置。同时，浮水植物遮挡水面面积不宜过大，以免挡住阳光无法使沉水植物进行光合作用而影响生长。

水生植物各方面的潜能是需要不断被发掘的，每一种水生植物的生态功能、净化水体的程度以及达到的净化效果是不同的，部分水生植物对水体中氨氮、磷等的去除率较高。千屈菜在降低富营养化水体中 TP 浓度的整体水平上与凤眼莲没有明显的差异，那么可以判断凤眼莲在应用上能达到的去磷水平千屈菜亦能达到。单一品种的水生植物群体对于水体杂质的净化程度已然很高，但是将不同品种的水生植物加以研究且搭配在一起，会达到更理想的效果。所以在对滨河景观空间中的水生植物进行搭配时可以考虑水生植物净化组合来形成景观，不同的水生植物组合充分发挥各自不同的净化功能来达到净化水体的最理想状态。例如，去除氮可用芦苇+灯心草+狐尾藻，芦竹+灯心草+鸢尾，芦苇+慈姑；去除磷可用黄花蔺+香根草+狐尾藻，水生美人蕉+花叶水葱+浮萍，花叶芦苇+菖蒲+旱伞草；去除重金属离子可用千屈菜+香蒲+狐尾藻。浊度净化效果最好的植物组合：芦竹+香蒲+美人蕉。综合净化溶解氧效果最好的植物组合：芦竹+香蒲。

3. 从植物群落的角度配置水生植物

水生植物群落组织是城市滨河植物景观空间的重要组成部分。由于适宜黄河三角洲地区生长的水生植物品种较少，在营造丰富水生植物生境时受到一定的限制，容易导致景观单一不饱满。所以，在考虑各种植物生长条件、季相变化以及植物在水体生长位置的基础上，可将不同品种的植物加以配置重新组合形成多样植物群落来争取实现景观层次分明、生境效果丰富多元的美好意境，来解决水生植物生境的单调性等问题。植物群落组合包括以挺水植物为主，沉水植物为辅的群落；以浮水植物为主，同时搭配挺水植物、沉水植物的群落以及以沉水植物为主的群落。例如，以鸢尾、芦苇、香蒲、灯芯草等植物组合为主配置狐尾藻等植物；以浮萍、睡莲、凤眼莲为主配置荷花、金鱼藻等植物；

以狐尾藻、金鱼藻、水毛茛为主配置水葱、千屈菜、荷花、香蒲、菖蒲、睡莲等植物。

三、滨河景观水体设计

(一) 水体空间设计分析

以滨州秦皇河为例。秦皇河曾经淤积严重、水体污浊、杂草丛生，是人们的垃圾投入地，严重破坏城市的水生态系统，通过重新营造，逐步改善了这一系列环境污染问题。秦皇河景区中水体以河水、生态岛、曲流、浅滩等形式贯通风景区，最终形成曲折流水、宽阔水面、浅水湿地三种水体表现形式，对不同水体表现形式配置以不同水生植物营造适宜的水生植物景观意境。秦皇河依托原有地形、河流对河流进行改造，还原水体，保存了自然水体的流觞曲水、松紧有度、收放自然的原始形态，形成河岸线曲折、水质洁净、曲水环弯、楼阁掩映的美景，同时承载着向中环送水的功能及灌溉功能等。其中，沙洲湿地景观带规划设计依托原有地形，配置乔灌木、水生植物、地被植物等来营造出纯生态的自然景观。沙洲湿地最大的生态特点便是其净化功能，通过将泥沙沉淀下来从而净化流经的黄河水。沙洲湿地追求自然形态样式的水空间形式，更是通过湿地净化功能促进统一生态系统的形成，将公园上游的黄河水沉沙净化并加以利用，既丰富了景观又保证了水利功能。并且在河流中有鲢鱼、草鱼、鲫鱼等野生鱼类十多种，河边也遍布自由栖息的水鸟，形成生机盎然的迷人景象，如图6-6所示。

图6-6 河漫滩景观

（二）水体净化工艺分析

滨州秦皇河公园的水体面积占总规划面积的 1/4。水体连接滨州市中海与南海两大水利风景区，同时与黄河衔接，将开发区南北贯通。河水利用大片功能湿地区的水生植物使黄河水经过取水口、沉沙池、人工湿地等逐步沉沙净化流入市区河流，循环往复。对于水中杂质，利用植物、土壤、生物、微生物共同处理，通过吸附、过滤、沉淀、转化达到循环再生的系统化过程。在秦皇河湿地中，通过种植水生植物净化水质，利用了许多水生植物能够大量吸收营养物质，或降解转化有毒有害物质为无毒物质的性质。在废水或受到污染的天然水体中种植大量耐污染、净化能力较强的水生高等植物，使其通过自身的生命活动将水中的污染物质分解转化或富集到体内，然后除去，恢复水域中的养分平衡，同时通过水生植物的光合作用放出氧气，增加水中溶解氧含量，从而改善水质，减轻或消除水污染，达到净化水体的目的，优化生态景观与景观欣赏的融合，实现全方位共赢。

四、滨河景观后期维护保证可持续发展

黄河三角洲地区在最近几年城市绿化水平有了较高的提升。但是，在城市滨河地带植物景观方面仍存在着很多问题。城市滨河空间在投入正常使用时，因植物受到光照、水分、温度、土壤等自然地理因素的影响，在植物后期管理的过程中会出现各种问题。

（一）存在问题

①城市滨河空间植物分布不均匀。由于城市居民分布不均匀，导致部分城区滨河空间土地资源匮乏；植物品种单一，致使植物绿地景观单调；部分城区土地空旷，植物品种过于集中，致使绿地景观无组织，最终影响城市滨河景观空间的营建。

②大气候对植物生长的影响。虽然黄河三角洲地区水资源较为丰富，但由于其自然气候条件使得在植物选择上有一定的限制，主要表现在水生植物的选择应用上。在营造滨河景观水生植物生境时，由于水生植物品种较少，所以植物搭配形式过于单调，植物季相变化不丰富以至于水生植物景观层次感缺乏、形式感单一。

③土壤特质对植物生长的影响。黄河三角洲地区是典型的滨海盐碱地，对植物的生长有一定限制，甚至使植物生命受到威胁，植物生长如果不适应盐碱地的环境，盐渍化的土壤会将植物根部烧坏，造成大量资源浪费，若不及时解

决会致使土壤松弛进而导致水土流失，最终污染河流。这就使得植物应用选择不宽泛，对植物景观的配置形成一定的限制以至于植物景观模式化。

④地区温度对植物的影响。黄河三角洲地区夏季炎热冬季寒冷，夏季最高气温可达40℃左右，冬季最低气温可达零下十几摄氏度。部分观赏性植物自身的生长习性是低于-10℃便不再生长，所以导致部分植物景观缺失，并且在夏季，部分植物会因无法承受高温暴晒而死亡。冬季的低温会使地表土壤凝固、不通透，使植物根部循环遇阻造成生长困难，同时亦会使河滩或浅水区等区域结冰，致使水生植物枯竭，逐渐衰退最终被冻死，影响水体区域的净化效果以及加剧滨河绿地的稀缺。

⑤植物落叶及已死亡植物对植物景观的影响。城市滨河景观中的落叶乔木与落叶灌木在秋冬季节会落叶不断、四处飘零。有的植物落叶对于陆生植物来说可以被分解形成土壤肥料，为植物提供养分，但是有的植物的落叶如果大面积集中落入水中，被分解后会对水中鱼类造成损害，影响水生态系统的正常循环运转。并且，已死亡的藻类植物若不及时处理，长期堆积水中未被分解，最终会形成河流垃圾，污染水体，破坏景观效果。

（二）解决对策

①针对城市滨河景观空间植物景观分布不均的问题，要不断发掘土地资源匮乏区域的滨河空间用地，同时不断充实植物景观数量及植物品种，将植物配置合理并加以创新。

②针对水生植物品种少而引起的景观单一的问题，可以在研究各种水生植物生长习性的基础上，将生长周期、花期不同的植物结合植物色彩、形态等方面来进行搭配。除此之外，可以与滨河空间的陆生植物结合搭配来弥补水生植物生境景观单调的缺憾，形成完整的城市滨河空间景观。

③针对黄河三角洲地区特殊的土壤问题，可以直接种植较耐盐碱且成活率较高，比较好生存，枝叶繁茂的植物。有部分植物耐盐碱度稍差一点，这样虽可直接种植，但是会影响后期生长状况，所以应该采取人工措施改良土壤来降低植物生存环境盐碱程度，使其生长顺利。如果种植引进的不耐盐植物，那么就必须人工改良土壤盐碱度，以免造成植物的不适应甚至死亡。在盐碱程度较高的区域营造滨河植物景观时，如果土壤改良不够彻底，又没有进行合理的后期维护，那么会引起返盐情况而导致植物死亡从而造成水土流失。因此，应该加强完善城市绿地绿化的相关法律法规，落实保护环境、人人有责，同时增强园林负责人的法律意识，加强园林绿化管理。

④夏季，可通过陆生植物、湿生植物与水生植物的合理配置为水生植物

提供一定的荫蔽，以减少敏感水生植物受到的强光暴晒，尽可能保障其生长期长一些。黄河三角洲地区滨河植物是否可以安全越冬是一个重要问题。在冬季运用冰层覆盖、地膜覆盖、植物覆盖等方法做好防冻措施，必要时把清理的老叶覆盖在植物的根系上，防止霜冻等。在进行植物选择时，尽可能选择耐寒性强、较耐热的植物，与此同时，应该不断人工培育新的耐寒、耐热性植物苗木并投入试验，使之适应黄河三角洲的自然环境，从而提高滨河植物景观利用率。

⑤及时将落入水体的残枝落叶以及死亡的藻类植物进行人工打捞，并定期对河流水体进行检查，清理水体，保持水体清洁，尽可能使水生植物得以进行光合作用，促进沉水植物进行光合作用，使得沉水植物快速生长繁殖，为水体鱼类提供氧气及营养。

第七章 园林景观规划与设计

第一节 概 述

一、园林景观设计的相关概念

园林是一个发展的理论概念,它随着社会历史和人类认识的不断提高而不断变化,在不同的历史发展时期体现不同的内容、展示形式与范围,世界上许多国家和地区对此都有着不同的定义。在我国古代,不同的历史时期,园林有着不一样的性质,被称作"园""苑""庭""山庄"等,在国外则称之为"garden""park""landscape"等。不管它们之间有着什么样的差异,都有一个共同点,即在一定的地域范围内,利用和改造自然条件下的山水或认为可以开发利用的山水地貌,结合周围植物和建筑的承托,从而构成一个供人居住、观赏、游憩的空间环境。

关于园林的定义,在许多专著和报刊中都有着详细的论述和分析。孙筱祥教授在《园林艺术及园林设计》中对园林的定义为"园林是由地形地貌与水体、建筑物和道路、植物和动物等素材,根据功能要求、经济技术条件和艺术布局等方面综合组合而成的统一体"。这个定义比较完整详细地概述了园林的特征。《中国大百科全书》建筑·园林·城市规划卷中,对园林的定义为"在一定的地域运用工程技术和艺术手段,通过改造地形,种植树木花草,营造建筑和布置园路创作而成的自然环境和游憩境域。随着园林学科的发展还包括森林公园、自然保护区或国家公园等"。这一定义是当今最为权威和科学的定义。随着时代发展和城市环境质量的迅猛提升,经济全球化、社会现代化脚步的加快,园林这一领域将向着更深层次发展和延伸,园林文化的发展和景观要素的构成将也有新的发展方向。

英国规划师戈登·卡伦在《城市景观》一书中认为,园林景观是一门"相互关系的艺术"。也就是说,视觉事物之间的空间关系是一种园林景观艺术。

比如一座建筑是建筑，两座建筑则是景观，它们之间的"相互关系"则是一种和谐、秩序之美。

园林景观作为人类视觉审美对象的定义，一直延续到现在，但定义背后的内涵和人们的审美态度则有了一些变化。从最早的"城市景色、风景"到"对理想居住环境的图绘"，再到"注重内在人的生活体验"。现在，我们把园林景观作为生态系统来研究，研究人与人、人与自然之间的关系。因此，园林景观既是自然景观，也是文化景观和生态景观。从设计的角度来谈园林景观，则带有更多的人为因素，这有别于自然生成的景观。园林景观设计是对特定环境进行的有意识的改造行为，从而创造具有一定社会文化内涵和审美价值的景物。

园林景观设计对景观设计提出了更高的艺术要求，它以艺术设计学的设计方法为基础对景观设计进行研究，艺术的形式美及设计的表现语言贯穿于整个景观设计的过程中。园林景观设计属于环境设计的范畴，是以塑造建筑外部空间的视觉形象为主要内容的艺术设计。它的设计对象涉及自然生态环境、人工建筑环境、人文社会环境等各个领域，它是依据自然、生态、社会、行为等科学的原则从事规划与设计，按照一定的公众参与程序来创作融合于特定公众环境的艺术作品，并以此来提升、陶冶和丰富公众审美经验的艺术。园林景观设计是一个充分控制人的生活环境品质的设计过程，也是一种改善人们使用与体验户外空间的艺术。

园林景观设计是一门综合性和边缘性很强的学科，其内容不但涉及艺术、建筑、园林和城市规划学，而且与地理学、生态学、美学、环境心理学、文化学等多种学科相关。它吸收了这些学科的研究方法和成果，例如：设计概念以城市规划专业总揽全局的思维方法为主导；设计系统以艺术与建筑专业的构成要素为主体；环境系统以园林景观专业所涵盖的内容为基础。园林景观设计是一门集艺术、科学、工程技术于一体的应用学科，因此，它需要设计者具备与此相关的诸多学科的广博知识。

园林景观设计的形成和发展，是时代赋予的使命。城市的形成是人类改变自然景观、重新利用土地的结果。但是这一过程中，人类不尊重自然，肆意破坏地表、气流、水文、森林和植被。特别是工业革命以后，建成大量的道路、住宅、工厂和商业中心，使得许多城市变为由柏油、砖瓦、玻璃和钢筋水泥组成的"大漠"，这些努力建立起来的城市已经与自然景观相去甚远。但随之人类也遭到了报复，因远离大自然而产生的心理压迫和精神桎梏、人满为患、城市热岛效应、空气污染、光污染、噪声污染、水环境污染等，这些都使人类的生存品质不断降低。

二、园林景观规划与设计的特征

（一）多元化

园林景观设计构成元素和涉及问题繁多，使它具有多元化特点。这种多元性体现在与设计相关的自然因素、社会因素的复杂性以及设计目的、设计方法、实施技术等方面的多样性上。

与园林景观设计有关的自然因素包括地形、水、动植物、气候、光照等自然资源，分析并了解它们彼此之间的关系，对设计的实施非常关键。例如，不同的地形会影响景观的整体格局，不同的气候条件会影响景观内栽植的植物种类。

社会因素也是造成园林景观设计多元化的重要原因。园林景观是一门艺术，但与纯艺术不同的是，它面临着更为复杂的社会问题和使用问题的挑战，因为现代园林景观设计的服务对象是群体大众。现代信息社会的多元化交流以及社会科学的发展，使人们对景观的使用目的、空间开放程度和文化内涵的需求有着很大的不同，这些会在很大程度上影响景观的设计形式。为了满足不同年龄、不同受教育程度和不同职业的人对景观环境的感受需求，园林景观设计必然会呈现多元化的特点。

（二）生态性

生态性是园林景观设计的第二个特征。无论在怎样的环境中建造，园林景观都与自然发生着密切的联系，这就必然涉及景观与人类、自然的关系问题。在环境问题日益突出的今天，生态性已引起景观设计师的重视，是景观设计考量的必然要素。

美国宾夕法尼亚大学的景观建筑学教授麦克哈格就提出了"将园林景观作为一个包括地质、地形、水文、土地利用、植物、野生动物和气候等决定性要素相互联系的整体来看待"的观点。把生态理念引入园林景观设计中，就意味着设计要尊重物种多样性，减少对资源的掠夺，保持营养和水循环，维持植物环境和动物栖息地的质量，尽可能使用再生原料制成的材料，尽可能将场地上的材料循环使用，最大限度地发挥材料的潜力，减少因生产、加工、运输材料而消耗的能源，减少施工中的废弃物；要尊重地域文化，并且保留当地的文化特点。

例如，生态原则的重要体现就是高效率地用水，减少水资源消耗，因此，园林景观设计项目就需要考虑通过利用雨水来解决大部分的景观用水，甚至能够达到完全自给自足,从而实现对城市洁净水资源的零消耗。园林景观设计对生态的追求与对功能和形式的追求同样重要。园林景观设计是人类生态系统的设计,是一种基于自然系统自我有机更新能力的再生设计。

(三) 时代性

园林景观设计富有鲜明的时代特征,从过去注重视觉美感的中西方古典园林景观,到当今生态学思想的引入,园林景观设计的思想和方法发生了很大变化,也大大影响甚至改变了园林景观的形象。现代园林景观设计不再仅仅停留于"堆山置石""筑池理水",而是上升到提高人们生存环境质量、促进人居环境可持续发展的层面上。

在古代,园林景观的设计多停留在花园设计等方面,而今天,园林景观设计介入更为广泛的环境设计领域,它的范围包括新城镇的景观总体规划,滨水景观带、公园、广场、居住区、校园、街道及街头绿地、花坛等的设计,几乎涵盖了所有的室外环境空间。如今园林景观设计的服务对象也有了很大不同。古代园林景观供皇亲国戚、官宦富绅等少数统治阶层享用,而今天的园林景观设计则是面向大众、面向普通百姓,充分体现出一种人性化关怀。

随着现代科技的发展与进步,越来越多的先进施工技术被应用到景观中,人类突破了沙、石、水、木等施工材料的限制,开始大量地使用塑料制品、光导纤维、合成金属等新型材料来制作景观作品。例如,塑料制品现在已被普遍地应用于公共雕塑、景观设计等方面,而各种聚合物则使轻质的、大跨度的室外遮蔽设计更加易于实现。施工材料和施工工艺的进步,大大增强了景观的艺术表现力,使现代园林景观更富生机与活力。

第二节　园林景观的设计方式

一、园林景观布局形式

园林景观内容丰富,形式多样,风格各异。其布局形式有四种类型,即规则式与自然式,以及由此派生出来的规则不对称式和混合式。

(一) 规则式

其特点强调整齐、对称和均衡。这种布局形式有明显的主轴线,主轴线两边的布置是对称的,如图7-1所示,因而要求地势平坦,若是坡地,需要修筑成有规律的阶梯状台地;建筑应采用对称式,布局严谨;园林景观设计中各种广场,水体轮廓多采用几何形状,水体驳岸严整,并以壁泉、瀑布、喷泉为主;道路系统一般由直线或有轨迹可循的曲线构成;植物配置强调成行等距离排列或做有规律的简单重复,对植物材料也强调人工整形,修剪成各种几何图形;花坛布置以图案式为主,或组成大规模的花坛群。

规则式的园林景观设计,给人以整洁明快和富丽堂皇的感觉。遗憾的是它缺乏自然美,一览无余,欠含蓄,并有管理费工之弊。

图7-1 晋祠圣母殿

(二) 规则不对称式

这种布局形式中绿地的构图是有规则的,即所有的线条都有轨迹可循,但没有对称轴线,所以空间布局比较自由灵活。林木的配置多变化,不强调造型,绿地空间有一定的层次和深度。这种类型较适用于街头、街旁以及街心块状绿地。

(三) 自然式

自然式构图没有明显的主轴线,其曲线也无轨迹可循;地形起伏富于变化,广场和水岸的外缘轮廓线和道路曲线自由灵活;对建筑物的造型和建筑布局不强调对称,善于与地形结合;植物配置没有固定的株距行距,充分利用树木自由生长的姿态,不强求造型;在充分掌握植物的生物学特性的基础上,可以将不同品种的植物配置在一起,以自然界植物生态群落为蓝本,构成生动活泼的自然景观。自然式园林景观在世界上以中国的山水园与英国式的风致园为代表。

（四）混合式

混合式园林景观设计综合了规则式与自然式两种类型的特点，把它们有机地结合起来。这种形式应用于现代园林景观设计中，既可采用自然式园林布局设计的传统手法，又能吸取西洋规则式布局的优点；既有整齐明朗、色彩鲜艳的规则式布局，又有丰富多彩、变化无穷的自然式布局。其手法是在较大的现代园林景观建筑周围或构图中心，运用规则式布局；在远离主要建筑物的部分，采用自然式布局。规则式布局易与建筑的几何轮廓线相协调，且较宽广明朗，然后利用地形的变化和植物的配置逐渐向自然式过渡，这种类型在现代园林景观中间用之甚广。实际上大部分园林景观都有规则部分和自然部分，只是两者所占比重不同而已。

在做园林景观设计时，选用何种类型不能单凭设计者的主观意愿，而要根据功能要求和客观可能性。譬如说，一块处于闹市区的街头绿地，不仅要满足附近居民早晚健身的要求，还要考虑过往行人在此做短暂逗留的需要，则宜用规则不对称式；绿地若位于大型公共建筑物前，则可用规则式布局；绿地位于具有自然山水地貌的城郊，则宜用自然式；地形较平坦，周围自然风景较秀丽，则可采用混合式。同时，影响规划形式的不仅有绿地周围的环境条件，还有经济技术条件。环境条件包括的内容很多，有周围建筑物的性质、造型、交通、居民情况等。经济技术条件包括投资和物质来源，技术条件指的是技术力量和艺术水平。一块绿地采用何种类型，必须对这些因素作综合考量后，才能作出决定。

二、造景方式

园林设计离不开造景，如面临的是美丽的自然风景，首要的就是通过造园的手法表现自然之美，或借自然之美来丰富园内景观；若是人工造景，可遵循中国传统造园的一个重要法则——师法自然，这就需要设计师匠心巧用、巧夺天工，从而达到"虽由人作、宛自天开"的效果。

常用的造景方式有以下十种。

（一）主景与配景

景亦有主景与配景之分，主景是园林设计的重点，是视线集中的焦点，是空间构图的中心，配景对主景起重要的衬托作用，所谓"红花还得绿叶衬"正是此道理，如图7-2所示。

在设计时，为了突出重点，往往采用突出主景的方法，常用的手法如下。

①空间构图突出重心,即将主景置于几何中心或是构图的重心处。
②主景(主体)升高。
③轴线焦点,即将主景置于轴线的端点或几条轴线的交点上。
④向心点。诸如水面、广场、庭院这类场所具有向心性,可把主景置于周围景观的向心点上。例如,水面有岛,可将主景置于岛上。

图7-2 天龙山景区

(二)框景与漏景

框景就是利用窗框、门框、洞口、树枝等形成的框,来观赏另一空间的景物。由于框的限定作用,人的注意力会高度集中在其框中画面内,有很强的艺术感染力。框景所形成的景清楚、明晰,如图7-3所示。

图7-3 公园一景

漏景在框景的基础上发展而来，不同的是漏景是利用窗棂、屏风、隔断、树枝的半遮半掩来造景，所形成的景显得含蓄。

（三）层次与景深

景观就空间层次而言，有前景、中景、背景之分，没有层次，景色就显得单调，就没有景深的效果。这其实与绘画的原理相同，风景画讲究层次，造园同样也讲究层次。一般而言，层次丰富的景观显得饱满而意境深远。中国的古典园林堪称这方面的典范，如图7-4所示。

图7-4 晋祠圣母殿侧景

（四）敞景与隔景

敞景即景物完全敞开，人的视线不受任何约束。敞景能给人以视线舒展、豁然开朗的感受，景观层次明晰，景域辽阔，容易表现景观整体形象特征，也容易激发人的情感。

隔景即借助一些造园要素（如建筑、墙体、绿篱、石头等）将大空间分隔成若干小空间，从而形成各具特色的小景点。隔景能达到小中见大、深远莫测的效果，能激起游人的游览兴趣。隔景有实隔、虚隔和虚实并用等处理方式。高于人眼高度的石墙、山石林木、构筑物、地形等的分隔为实隔，有完全阻隔视线、限制通过、加强私密性和强化空间领域的作用。被分隔的空间景色独立性强，彼此可无直接联系。而漏窗洞缺、空廊花架、可透视的隔断、稀疏的林木等分隔方式为虚隔。此时人的活动受到一定限制，但视线可看到一部分相邻空间景色，有相互流通和补充的延伸感，能给人以向往、探求和期待的意趣。

在多数场合中，采用虚实并用的隔景手法，可令人获得景色情趣多变的景观感受。

（五）借景

借景因视距、视觉、时间的不同而有所不同。明代计成在《园冶》中强调"巧于因借"，即通过对视线和视点的巧妙组织，把园外的景物"借"到园内可欣赏到的范围中来。借景能拓展园林空间，变有限为无限，常见的借景类型如下。

1. 远借与近借

远借是把园林景观远处的景物组织进来，所借物可以是山、水、树木、建筑等。如北京颐和园远借玉泉山之塔及西山之景。

近借是把邻近的景色组织进来。周围环境是近借的依据，周围景物只要能够利用成景的都可以借用。

2. 仰借与俯借

仰借是利用仰视借取的园外景观，以借高景物为主，如北京的北海和景山。

俯借是指利用居高临下俯视观赏园外景物，登高四望，四周景物尽收眼底。可供借的景物很多，如江湖原野、湖光倒影等。

3. 因时而借

因时而借是指借时间的周期变化，利用气象的不同来造景。如春借绿柳、夏借荷池、秋借枫红、冬借飞雪；朝借晨霭、暮借晚霞、夜借星月。如西湖十景之一的"断桥残雪"就是很好的因时而借的实例。

4. 因味而借

主要是指借植物的芳香。很多植物的花具芳香，如含笑、玉兰、桂花等植物。设计时可借植物的芳香来表达匠心和意境，如图7-5所示。

图7-5 晋祠圣母殿前景

（六）对景

对景是指两景点相对而设，通常在重要的观赏点有意识地组织景物，形成各种对景。其重要的特点：此处是观赏彼处景点的最佳点，彼处亦是观赏此处景点的最佳点。如留园的明瑟楼与可亭就互为对景，明瑟楼是观赏可亭的绝佳地点，同理，可亭也是观赏明瑟楼的绝佳位置。

（七）障景

障景即借助那些能抑制视线、引导空间转变方向的屏障景物，它们起着"欲扬先抑，欲露先藏"的作用。像建筑、山石、树丛、照壁等可以用来作为障景。

（八）夹景

夹景就是利用建筑、山石、围墙、树丛、树列形成较封闭的狭长空间，从而突出空间端部的景物。夹景所形成的景观透视感强，富有感染力。

（九）点景

即在景点入口处、道路转折处、水中、池旁、建筑旁，利用山石、雕塑、植物等点缀成景，增加景观趣味，如图7-6所示。

图7-6 置石景观

（十）题咏

中国的古典园林常结合场所的特征，对景观进行意境深远、诗意浓厚的题咏，其形式多为楹联、匾额、石刻等形式。如济南大明湖亭所题的"四面荷花三面柳，一城山色半城湖"，苏州沧浪亭的石柱联"清风明月本无价，近水远山皆有情"等。这些诗文不仅本身具有很高的文学价值、书法艺术价值，而且还能起到概括、烘托园林主题，渲染整体效果，暗示景观特色，启发联想，激发感情，引导游人领悟意境，提高美感格调的作用，往往成为园林景点的点睛之笔。

第三节　现代技术在园林景观规划与设计中的应用

一、虚拟现实的应用

（一）虚拟现实技术的定义

虚拟现实技术最初是由美国军方研制出来的，主要运用于军事的理论和训练场景模拟，又被称为灵境技术，其本质是计算机仿真模拟技术。虚拟现实技术真正大规模用于民用是在20世纪80年代，并迅速发展，覆盖一些重要领域。最近几年，随着VR等硬件技术的日渐成熟，特别是感官类传感设备性能的大幅度提高，进一步促使更多行业和领域开始应用该技术。虚拟现实的主要发展方向有系统模拟、虚拟漫游、计算机防护、图像图形、虚拟动态漫游、人机互动等。

虚拟现实平台能让观众和景观设计师在虚拟模拟的场景中有接近于真实的视觉体验，并且实现人机互动。虽然目前景观还处于规划设计的阶段，但是人们已经可以通过该技术获得沉浸式体验和感觉，达到与即将完成的园林景观的深度交融。

（二）虚拟现实的特性

1. 体验感

所谓体验感就是满足人们的参与感和亲身体验的愿望，业主和观众比以往任何时候都强烈地想要融入景观设计中，用户和景观设计师都希望将来完成的作品能有更多的自己的痕迹和想法。景观设计师虽然是创作的主体，但是在原有创作方式下，不能收到及时而全面的反馈，自身的体验感和参与度受到一定的限制。虚拟现实技术的出现满足了用户和设计师的共同要求，模拟出真实的环境，通过外部的接入设备，将用户和设计师带入立体的虚拟景观空间，使其可以更好地体验景观艺术带来的美感、意境等。

2. 互动性

所谓互动性指的是通过计算机输入和输出设备,用户能够对虚拟环境内物体实施具体操作。接近自然的交互方式是用户与虚拟环境之间所能达到的理想状态。通过专业设备,用户能够向计算机传递自己的指令和感受,从而实现对虚拟场景对象的指挥与操作,而计算机则能够将用户的指令与感受通过虚拟环境进行呈现,并对用户进行信息反馈。

3. 想象力

所谓想象力主要是指用户通过自己的各种思维过程,在虚拟环境中塑造场景的能力。实际上,虚拟现实系统就是用户的想象力和创造力发挥的完美平台,它是通过计算机技术和各种硬件设备完成这一任务的,将设计师头脑中的蓝图,通过虚拟环境完美呈现。

4. 反馈性

所谓反馈性就是透过虚拟环境和景观给设计师反馈必要的信息。由于涉及场地情况、社会习俗、历史传承等多因素的影响和制约,园林景观设计的时间比较长,原有的适用于建筑设计和城市规划的平衡体系和反馈机制不是完全适用于景观设计,景观设计还是需要自己特有的反馈评价机制,虚拟现实恰好可以解决这个问题。虚拟现实的以上三个重要特性自然延伸出它具有的天然的反馈机制,在景观设计的任何一个阶段都可以给出相对直接和真实的反馈场景和景观效果,并且让不同的使用者获得体验,及时给设计方案本身以反馈,促进对设计方案的完善,加速景观设计进程,更能突破建筑技术对景观设计的限制。而设计师可以时时地通过虚拟平台与自己的景观方案互动,发现不易察觉的错误或者漏洞,激发未曾想到的新想法,使得景观设计方案实施时不会有大的偏差,另外,也避免景观设计千人一面而失去景观独特性这个生命力。

(三)虚拟现实技术的应用

1. 前期分析调研

虚拟现实技术在园林景观工程项目规划前期的调查分析工作中起到重要作用。一般情况下,为使项目更好地施工,在项目前期要做出全局的准确可行的规划设计方案,进而减少重大决策性失误,实现园林景观规划与设计在项目开展前就有准确明晰的定位。虚拟现实技术对项目各个施工阶段都可以进虚拟变化。对项目的前期调查分析是景观设计的第一步,一些自然条件、历史文脉、民俗风俗以及对其他对象的综合分析,如地理位置以及周边建筑和交通情况都是调查分析内容,为景观设计方案的实施提供帮助。对所在区域有全面和深入的了解,也有利于后期的施工管理。

虚拟现实技术可以在园林景观规划与设计过程中为避免遇到问题做出各方面可行性的分析和预测。例如，当地气候条件、环境问题、建筑的容积率、建筑的高度、工程造价，工程的交工时间以及设备设施的摆放和受众的需求等问题，都可以通过计算机对各种资料进行搜集和数据信息处理，给出科学合理的参考，使得工程项目的整体进程有章可循，从而减少决策上的失误。该阶段只是分析和预测，具体情况还要待后续施工实践来验证。

为了充分把握景观设计的条件，有必要从功能定位、建筑形式、经济实力、时间工期等方面对项目的目标、安全、概念、需求等因素进行全面的分析，以便对整个景观设计过程进行清晰的把握。潜在的、局限的和必须探索的问题，也可以通过计算机辅助技术给出结果。因此，景观设计师必须明确一些条件和要求，并通过虚拟现实系统进行模拟和分析。这个阶段是对物理关系的一个粗略的探索，将它与设计条件联系起来，形成一个整体的理解，从而跟上设计的进度并与他人沟通。使用地理信息系统（GIS）模拟场景的气候条件、地理环境，分析区域内道路、树木、河流、人口分布、土地利用规划等状况；对坡度和地形趋势进行多角度观测，利用数据加权法、多图层重合分析法，以便清楚地了解该地块可以用作不同用途的限制条件；通过对环境中日照和风向的模拟，设置景观和空间效果的背景。此外，利用系统工具对景观内部进行多角度分析，观察和评价基地景观的效果和质量，并根据上述各种因素，综合考虑将基本区域划分为所需的不同功能区。这些工作为概念设计的形成提供了科学的判断依据。在景观设计方案形成的过程中，有一个连贯的思维是很重要的。在景观项目设计的初期，利用计算机虚拟现实系统进行交流、评价和表达，有利于在景观设计的各个环节进行思维的融合，有利于创造性的不断提高。

2. 辅助方案的概念设计

在完成项目调研和预测后，在利用计算机辅助技术完成园林景观的整体规划设计方案时，需要借助一些模型，帮助规划师对基地情况做出快速分析，更好地对整个项目准确把握，还可以对施工局部和整体布局进行把握。景观设计师在虚拟和现实交互式工作中将自己置于虚拟的风景园林设计中，能快速准确找到该设计方案的资料从而建立模型进行分析评估，进而能更准确把握设计，提高成功率，打破了纸质绘图的空间局限性，也消除了综合评估模型和环境之间存在的缺陷。设计师沉浸在虚拟的园林景观规划与设计环境中，通过全方位的视角展现和动态的分析，不断收获各种设计灵感，设计师的设计思路也由开始的模糊不定到设计图概念的清晰完整。所以，在虚拟环境体验的过程中，设计师要实时记录下来自己的灵感和构想，做到随时随地、快速简洁、清楚地记录。这些记录下来的灵感和构想为以后的园林景观规划与设计概念的选择提供保障。当园林景观设计师具备了运用计算机辅助技术设计三维立体图的能力后，屏幕上快速呈现的视觉效果会让设计师设计出更好的园林景观。

借助虚拟现实技术，设计师努力的方向是更好地进行虚拟景观的创建、开发和表达。在传统的方法中，分析各种景观要素是如何有机地搭配在一起时，通常依靠绘画技巧的提高来达到这样的目的，探索和表达这种空间景观构成。使用虚拟现实系统的设计本质上是用机器的表达能力替代了绘画表达，而且从平面到立体、从静止到动态，表达能力获得巨大的进步。

在当今数字时代，计算机不仅成为园林景观设计的有力工具，而且扩大了景观设计师的思维宽度，拓展了其对景观的审美视野，使设计师创造出新的景观形态。

3. 辅助方案的详细设计

景观设计师可以通过虚拟现实系统的人机交互功能，吸收和引入更多的意向，了解不同的景观配置，从而修改和完善自己的设计方案。在具体操作中，设计师可以突破二维平面思维限制，由平面到立体，多维度、多视角观察景观作品，更好地把握空间，实现对设计方案更为直观的了解。更重要的是基于技术的支持，景观设计师可以打破传统设计方式和表达手法的限制，让园林景观更富于艺术追求。虚拟现实技术对景观细节的刻画和对效果的完美呈现，进一步激发设计师的灵感、意向，增强景观设计方案的独创性。此外，虚拟现实技术还能进行丰富的空间环境设计和表达，以及展示景观建筑的多维构成。这些特点反映在文化、空间、时间、自然和社会等因素的结合上，为设计园林景观空间环境的整体氛围和特有意境提供了条件和基础。虚拟现实技术形成的立体场景可以充分表达园林景观的多维空间形态，所制造出的真实、细腻、生动的景观环境艺术氛围，加深了设计方案的艺术表现力。与传统的计算机辅助动画制作相比，虚拟现实的即时成型能力和交互功能更强大。景观设计者可以更便捷地控制场景要素，如天气、季节、早晚等背景，并且可以创建一些不能使用传统表达创建的虚拟空间。在虚拟现实景观空间中，不同的场景可以实时切换，不同的观测视角或不同的观测顺序都会产生不同的景象和体验。

4. 辅助方案的表达

在虚拟现实平台的帮助下，观众、业主、设计师可以深入体验园林景观实际设计效果，景观设计师可以跳出自己的视角，审视园林景观设计方案，以便更好地理解观众的需求，同时和业主有更好的互动。功能更强大的虚拟技术可以从宏观到微观全面展示和模拟景观设计结果，添加天气、气候等背景元素，使用户获得前所未有的体验感。园林景观更多的是服务大众，虚拟模拟平台的这一特性，可以把完全没有专业背景的大众感受引入设计中来，确保景观定位的方向，并且持续改进。

此外，还可以利用虚拟现实技术模拟施工场景，对施工进程做科学指导，加强对施工现场的整体把握和控制，合理安排施工计划，可以达到防止施工隐患、保证工程安全、避免施工浪费等目的。

二、GIS 辅助下的现代园林景观规划与设计

（一）概念

地理信息系统，简称 GIS，英文全称为 Geographic Information System 或 Geo-Information system，是用于收集、存储、提取、转换和显示空间数据的计算机工具。简而言之，GIS 是地理空间数据综合处理和分析的技术系统。

（二）GIS 在风景园林规划设计中的影响

GIS 在国内景观规划中的应用，主要体现在微机硬件的发展及其许多附属功能上。各个地区的景观评估程度也可以通过 GIS、RS 和 GPS 收集的各个领域的信息进行提取和分析，GIS 技术系统会自动产生相应的评估结果。该方法可广泛应用于公共绿地、旅游景点等景观规划与设计中。

（三）风景园林学科中 GIS 的应用

1. 分析场地的地形

GIS 分析中常用的技术是地形分析，包括海拔、坡度坡向、水文等方面的分析，同时，对于水系统规划、排水分析、施工条件适宜性分析均具有较强的指导意义。

2. 分析场地的适宜性

这项技术主要是通过使用 GIS，对地形、水土、植被、施工等因素进行分析评估，采用地图叠加法对结果进行综合分析，相较于之前的定性分析和简单叠加各种因素的方法更加理性和客观。

3. 分析场地的交通网络

GIS 可通过构建网络数据集，导入线状要素（道路铁路、高架桥梁等）和点状要素（出入口、停靠点、交汇点），从而为基地道路交通规划及服务设施规划提供明确的指引。

4. 构建场地的三维景观

GIS 三维景观主要用于三维场景的模拟,也可用于模拟现状和规划地形。通过 ArcGIS 3D 场景模拟功能,可以在数字环境中直观体验地形和场地氛围。

(四) GIS 的特点

1. 优势

首先,GIS 具有较强的实用性和综合性,利用 GIS 技术进行景观规划,有利于将分散的数据和图像数据集成并存储在一起,利用其强大的制作功能与地图显示功能,将数据信息地理化,从而形成可视化的形态模拟,方便景观设计师规划与设计。

其次,GIS 可以将各种空间数据和相关属性数据通过计算机进行有效链接,提高景观数据质量,大大提高数据访问速度和分析能力,同时,也为长期存储和更新空间数据和相关信息提供有效的工具。

最后,运用 GIS 技术建立不同类型的数据信息库,可以将空间数据和属性数据、原始数据和新数据合理标准化,提供科学依据的同时,有利于大数据的资源共享。

2. 存在的问题

目前,GIS 尚处在普及阶段,一些 GIS 的开发虽然已经结项,但其中大部分系统的数据都没有对外公布。同时,由于技术上的问题,有些 GIS 系统未能达到最初设计时的目的,其数据结构的设定只能为某些特定问题的研究提供相应的服务。另外,GIS 数据存在安全隐患。从长远来看,信息社会是发展的一个主要趋势,开放的基础地理信息有利于为人们提供分析和研究的需要,面对不安全因素,我们不应坐以待毙,相反,应该加强自己的防守能力。但总的来说,GIS 技术的安全问题,我们还要花费很长的时间去改进和加强。

如今,我国对于"3S"等新技术许多强大功能的应用,始终徘徊在应用程序的门槛之外,除了风景园林涉及范围广、涵盖学科复杂外,各个领域参与不足,未能形成技术和发展的整体应用也是重要原因之一。现代信息技术在景观建筑的许多方面仍处于探索阶段,如何抓住这个机会,将其融入行业内的各个领域,是景观设计师的重要任务。因此,GIS 技术在风景园林中的应用任重道远。

第四节　园林景观规划与设计实例分析

本节以大明宫国家遗址公园为例，介绍园林景观规划与设计的方法。

一、大明宫国家遗址公园简介

大明宫位于西安城东北部的龙首原。大明宫周长约 7.6 km，面积约 3.2 km²，宫城共 9 个城门，其东、西、北三面都有夹城，是唐代最为宏伟的宫殿建筑群。

（一）价值

唐朝是中国封建时期最为鼎盛的朝代，唐大明宫是都城长安中最为重要的宫殿之一，也是当时中国最为重要的区域，代表着国家的整体水平和地位。大明宫遗址是历史重要的载体，其发挥的作用和价值也是无法比拟的。

1. 历史文化价值

①大明宫是唐朝都城最重要的组成部分之一。唐王朝的发展历史长达 289 年之久，大明宫的历史，从另外一方面分析就是唐王朝兴衰史的写照。它聚集了中国一大批有所作为的帝王将相，制造了震撼中外的历史事件，留下了千年的历史典故。所以，大明宫遗址具有非常丰富的文化内涵和历史研究价值。

②大明宫遗址记载了从唐朝至今 1 400 多年历史文化的发展历程，成为生动的历史"纪录片"；保存了唐代以来不同历史时期留下来的宝贵财富，具有丰富的历史文化研究价值。

2. 科学研究价值

①大明宫遗址的规模庞大，气势恢宏，建筑群的数量和技艺超群，特别是在总体布局、建筑、施工技术等方面都有非常高的成就。

②唐大明宫的宫殿建筑布局模式直接影响了中国乃至其他国家的宫殿布置格局，对之后明清时期故宫以及东南亚许多国家宫殿建筑都起到了至关重要的影响作用。

③大明宫遗址也为唐代建筑研究提供了重要的支撑，它的研究范围甚至可以扩展到东南亚国家的宫殿建筑领域，与此同时也为大明宫遗址帮助研究世界古遗址发展奠定了坚实的基础。

3. 艺术审美价值

①大明宫的建筑规模庞大，设计构造精湛，建筑情调丰富，影响着现代审

美的发展趋势，主要表现在历史感、沧桑感等方面。这些或多或少地感染着现在城市生活中人们精神和情绪。

②大明宫遗址的整体保存情况良好，对城市景观的审美趋向有重要影响作用，以大明宫遗址为依托才能更好地给世人呈现出唐文化以及唐风采的魅力所在。

4. 社会进步价值

①大明宫遗址作为古老城市的标志符号和历史记忆的真实再现，可以提供一个空间场所，让人们更好地在现代都市中体味到历史发展脚步，更好地鼓舞人们面对生存竞争的挑战，达到调节心理活动的目的。

②大明宫遗址从侧面可以提高民族自信心，发挥遗址爱国主义教育的历史使命，成为生动的教育课堂，同样也是精神文明建设的新阵地，最终提高人们的素质水平，使人们树立遗址保护的理念。

5. 生态环境价值

①大明宫遗址的面积广阔，属于外部空间遗存，因此可以和周边的自然环境相结合。在保护开发的过程中不但要对遗址本身进行治理，同时也要把周边自然环境的保护与遗址一同作为整体进行综合治理。

②大明宫遗址区域的生态环境包括很多方面。就水土而言，可以做到保护净化水源，植被的种植既可以防止水土流失又可以净化空气，同样也保存了原有的植被与环境，因而有助于城市整体生态环境的治理和保护。

6. 经济效益价值

①大明宫国家遗址公园建成后，成为世界各地游客驻足观光的景点，旅游资源空间大，还有大明宫遗址历史、艺术、科学研究的价值逐渐成为社会型消费的新动力，从而带动经济的发展。

②大明宫遗址的经济价值还表现在文化产业领域，促进历史文化遗产经济的新突破，从而收获更多的经济回报，最终，可以有效地提高地段的土地价值。

（二）特点

大明宫遗址规模宏大，面积广阔，存在状态主要是在野外，这些特点就决定了遗址的不可替代性，也同时反映出遗址面临破坏因素多、保护以及开发和建设之间矛盾日益突出等问题，以上这些因素导致了遗址保护和开发的难度加大。

1. 遗址规模大、历史遗存多

大明宫遗址最为突出的就是它的规模，在最鼎盛时期总面积达 3.2 km^2。

遗址内的遗存丰富，历史信息量巨大，主要分布在宫墙遗址、宫门遗址、宫殿遗址、太液池遗址等中，形成了一个巨大的历史文化遗存系统。

2. 遗址的价值丰富

唐长安城曾经是世界上最大、最繁华的国际城市，聚集了世界各地的目光。大明宫作为唐朝的政治、经济、文化中心，是唐王朝最完整的写照，对唐朝文化具有重要的科学研究价值，同时，大明宫作为民族精神和历史文化的重要载体，在发展民族文化和爱国主义教育等方面发挥着重大作用。大明宫是中国宫殿建筑史上一个重要的里程碑，受其影响的还有很多东南亚国家的宫殿建筑形式。大明宫遗址的价值是独一无二的，如果遗址被破坏，那么它自身带所有的历史文化信息以及历史遗存将会永远消失，这是人类社会重大的损失。大明宫遗址的存在不会被复制和仿造，这一特点决定了大明宫遗址必须坚持保护原则。

3. 遗址的科学研究性

大明宫遗址的模式布局以及建筑风格都具有自身鲜明的特色，自然环境和它所蕴含的文化就决定了大明宫遗址在科学研究领域和艺术价值研究方面都是不可取代的。通过对大明宫遗址的科学研究可以更好利用和发展遗址，有利于遗址在城市景观发展等领域应用效果的提高。

4. 遗址的特定性

大明宫遗址是唐朝历史发展过程的一个缩影，从历史文化的角度来看属于有形遗址，所以大明宫遗址具有特定性。它位于西安未来发展的重要区域，和周边环境有着密切的联系。大明宫这种固定的特性给遗址的保护和开发提出来了更大挑战。

5. 遗址格局的完整性

大明宫遗址因为主要在建筑和农田下掩埋，故受外界的影响较少，整体保存情况也比较完整，整体的格局和部分宫殿遗存保存完好，是中国目前保存规模最大、情况良好的历史宫殿遗址之一。

6. 遗址的残缺性

大明宫遗址的残缺性主要表现为外观的残缺，往日气势恢宏的大明宫，现在只留下了参差不齐的夯土。宫殿完整的原貌和色彩都是无法从直观上感受得到的。还有遗址历史文化延展，政治、宗教、艺术等方面的信息都是无法直接获得的，只能间接依靠相关文献记载和文字、图片以及资料来研究。

二、大明宫国家遗址公园景观设计思路

(一) 传承文化信息

大明宫国家遗址公园景观所涉及的面积大,也就和一般的景观设计存在着规模上的差异性,并且遗址区域空间的纹理联系紧密。大明宫遗址所蕴含的历史文化空间是其他建筑景观所不能替代的,它承载着唐历史文化发展和衰败的所有信息,拥有很强的可读性。与此同时,大明宫国家遗址公园景观反映的所有历史文化价值内涵都包含在遗址区域中所有建筑群体的脉络中。在遗址公园中,其含元殿、丹凤门、麟德殿、望仙台等构成要素之间,都是通过遗址景观再造以及道路景观规划互相联结的,通过彼此之间的默契配合和衔接,形成层次不同、重点不同、顺序不同的呼应关系。不能只凭借一个个体遗址景观元素来理解整个遗址公园的价值面貌,必须综合整体的分析来展现大明宫国家遗址公园景观的整体价值。因此,在分析遗址公园景观空间机能转变的同时必须重视以下原则:尊重唐历史文化,确保盛唐文化客观真实地再现;要尊重历史但是不意味着墨守成规、缺失发展的弹性和张力;空间机能转换的同时,一方面要对大唐历史文化做不同层次的理解,另一方面可以通过对创新元素的运用,使得历史和现代的新旧感产生活力,从而更好地契合以人为本的理念。

在分析空间新技能的同时,第一,要考虑所有结构的安全性,结构所承受的能力要经过详细严格的研究计算,要符合遗址景观新用途的安全应用;第二,要通过长期全面的社会调查,依据具体的社会需要来适度转换空间技能,促使空间技能顺利地转换成为现代城市开放空间、游憩休闲空间、文物展示空间、创业产业空间等形式。充分利用大明宫遗址空间机能的转变,传承现代城市的发展纹理,增强区域实力,从而进一步开发出蕴含其中的空间潜质和经济实力。

(二) 延续城市记忆

对于每个人来说,都会有一段过去和关于成长的美好回忆,城市也无一例外,也有其自身的丰富而且独特的发展过程,这些记忆都完整地存在于一个庞大的有机体中。西安这座历史文化古都,见证了中国诸多历史朝代的发展。城市的记忆就是这座城市形成、发展和演变的印记,都是由一系列代表不同历史时期的建筑、街道和历史文化古迹个体组合繁衍而生的,是一座城市历史文明、文脉延续和欣欣向荣的表现。

大明宫国家遗址公园就利用了可以体现出西安城市历史记忆的结构形式,

给人们提供连续回顾这座城市历史文化特色的最有效内容。利用景观设计的形式将遗址公园的历史扩展到它所存在的特定环境之中，使人们可以从景观场所的不同方面来审视和认知唐朝历史文明。历史的变迁、自然遗迹、人为的改造遗迹、遗址空间发生的重大事件和人们寄托于这座城市的情感，也就成为大明宫国家遗址公园空间和其景观不可分割"回忆"的重要组成部分。同样在城市的角度，大明宫国家遗址公园景观是城市景观重要的组成部分，历史文化也是城市历史文脉延续的一部分，这种记忆就是城市记忆不可缺少的组成元素。

大明宫国家遗址公园景观在给人们提供基本行为功能的同时，也在不断地满足着人们的精神需求，只有这样才能更好地反映出历史文化遗址的价值成为回忆和记录城市历史文化的重要区域。同时要把记忆因素充分引入大明宫遗址景观的整体设计中去，主要是利用对遗址之前地形地貌的记忆总结出物质空间设计理念。其中所有的设计理念都可以用挖掘出的记忆元素并且通过完善的艺术表达来呈现出来。游客可以通过在遗址公园中漫步停留，直接或是间接深刻感受到西安日新月异的发展背后所孕育的古城历史文化记忆。

（三）文旅经济开发

在遗址景观设计中不只要在文化、生态、景观等方面为大明宫遗址倾注新的发展动力，还要利用其本身的良好循环带动城市经济的发展，为遗址开发提供坚实的物质保障，实现双赢的目的，要寻找到新的发展基础，从而实现整个区域的全面复兴。对原有空间结构的修缮和持续利用，可以减少遗址景观建设中的能源消耗，也能使遗址景观得到再修复，保存原有大明宫遗址的遗存。其中所包含的文化资产就可以作为文化产业的有力资源。大明宫国家遗址公园合理地通过资产转化，吸引合适以及满足要求的产业转型，将成为经济发展的新契机。同样也可以通过创意设计，形成原真性的遗址景观空间，给人们提供从新功能中产生出来的事物联想，达到丰富空间使用的目的，如商业空间、工作空间、展示空间、游览空间等。

创意和新机能结合衍生出新的产业经济形势，为大明宫国家遗址公园与现代化大都市生活有效地联系在一起产生了积极的影响作用，促使唐历史文化美学和经济共同附着在遗址公园当中，让大明宫国家遗址公园景观空间更为有效地拥有了经济生存的能力，也就促进了城市区域经济的可持续发展。

（四）生态可持续发展

历史文化进程中对自然环境资源的破坏和对环境保护的忽视，造成了很多环境污染问题。面对日益严重的生态环境问题，很多相关学者都提出了生态节约与适度发展原则，认为人类必须控制对自然环境过度干涉的活动，人类在发展过程中应该有一定的尺度，不能随意地超出生态系统的承载能力，超过这种限制的行为是不道德的。

大明宫国家遗址公园的景观设计就是帮助我们认识人类生存和自然环境之间关系的有效途径，在这种情况下就必须加强人们对人类与自然的共生原则的认识，必须科学合理地去运作这种微妙的关系。我们所说的生态可持续发展原则和生态环境不只是"绿色"，而是要在对生态学原理和思想深入思考的基础之上，在排除城市遗址环境不利因素的前提下，对遗址公园景观空间实施最低程度的干涉，充分提高能源以及资源的使用效率，从而降低在景观建设和开发保护的过程中对环境的污染。同时也要在遗址建设的过程中对自然环境进行最小的干涉，达到对区域生态环境和小气候的改善，使其提高低维护和自我维护的能力。以上措施可以很好地改善大明宫遗址景观周围区域的生态平衡，保证了自然环境和生态系统的和谐共生，在遗址景观设计中全面地体现了可持续发展的原则。

除了以上保护措施，还要将遗址景观空间作为环保理念的载体进行全面系统的宣传，将其打造成一个生动的教育素材，构建人与自然和谐统一的关系，整理和统筹遗址景观现状环境，利用保护生态恢复和再生，发挥出大明宫国家遗址公园景观对于丰富城市构造、改善城市环境质量以及推动区域二次发展的环境资源潜力。

伴随着生态主义理念的不断进步，人们对美学的思想观念也不断地发生着变化。原本被认为是脏、乱、差的遗址环境被赋予深刻的历史文化内涵，在生态主义理论的带动下不断被观察和认知，从而改善了遗址的环境，以和谐、美好的形式呈现在世人面前。传统美学视觉直观方式下决定了美的存在只注重外延的东西，然而生态美学原理则更加注重文化的内涵，主张符合生态原则的都可以被认定为美的。在遗址景观设计中，大量随意生长的野生植物在之前都被认为是衰败的体现和象征，对其进行全部消除。但是，在生态主义理论的主张中，这些适应遗址生态的野生植被利用起来，发挥自身巨大的生态美学价值，这些都是人为因素所不能实现的，也是不可替代的。所以说要在遗址景观中适当地运用生态美学理念，对遗址本身的原生态景观给予适当的保留。

三、总体设计

大明宫国家遗址公园景观总体设计和普通公园景观设计相比较，多了遗址保护、开发、展示和利用的功能。它不仅满足了一般性质公园的需求，还大力挖掘开发遗址的文化内涵和历史研究价值，充分发挥出遗址公园的遗址保护、文化呈现以及文脉延续的作用。

大明宫国家遗址公园的景观和其他公园不同之处是遗址公园具有独特性，主要表现为拥有特定历史背景下的景观空间场所，也就是遗址景观空间场所。大明宫国家遗址公园就是集保护和展示遗址遗存为一体的景观空间，这种景观空间设计体现了在实现景观设计中发挥其自身特点的特殊性。

第一，大明宫国家遗址公园在完成遗址保护任务的前提下，要充分发挥出自身的宣传教育功能。遗址作为遗址公园最重要的组成部分，也是遗址公园建立的基础。

第二，在大明宫国家遗址公园场所的构图上，注重艺术的审美方法，通常情况下在几何形态的重要区域保持向心的趋势，大明宫遗址最重要的几个宫殿遗址都可以起到收缩、集中视线的功能。大明宫国家遗址公园的景观设计就使场所空间的视觉中心和遗址公园本身的视觉中心相重合，所以才会产生强大的感染力和视觉冲击力。

第三，大明宫遗址就是利用对遗址欣赏间距和角度的掌握来实现塑造遗址景观形象的目的。针对巍峨宏伟的大明宫遗址，必须合理规划和利用游览路线的布局来控制游览者与大明宫遗址之间的距离，从而达成保护和展示的双重目的。从大明宫国家遗址公园的游览路线来看，它就是一个通透开敞的空间场所，可以更好地满足游客欣赏和观光的需求。

第四，受唐文化的影响，大明宫国家遗址公园的景观气氛浓郁，给游览者视觉上带来强烈的冲击，呈现出历史的沧桑感和厚重感。大明宫遗址景观需要利用体量、色彩以及明暗对比对其景观气氛进行渲染和营造、运用中国传统水墨画中大量留白的形式和遗址周围矮小的植被来烘托出遗址景观的宏大。一般情况下，人在暗处看明处的景物就会绚丽灿烂；反之，从明处往暗处看，就会变得暗淡。大明宫遗址就大量地运用了空间明暗对比来加强建筑景观的形象效果。

（一）景观设计

遗址公园文化景观依据不同的表现形式，通常可以划分为两大类：固定式文化景观和移动式文化景观。大明宫国家遗址公园文化景观就是固定式文化景观。

遗址公园的文化是在特定历史时期中因为社会发展的空间区域需要物质、信息交流所形成的，这种空间就拥有很强的标志性。大明宫国家遗址公园在整个历史文化传播中作为最重要的功能性实体存在着，其本身就具有很高的历史文化研究价值。这座唐朝历史留下的建筑遗存承载着历史文化的记忆，在大明宫国家遗址公园中可以很自然地感受到悠久的历史岁月感。作为固定式文化景观的大明宫国家遗址公园，要在不移动的情况下，保存好遗址本身和周边环境，避免过多的人为干预。大明宫国家遗址公园重新修复的过程中也附加了很多现代的功能和时尚元素，提高了大明宫国家遗址公园的整体功能。同时也针对唐朝不同时期的文化和历史背景设计了很多符合大明宫遗址整体景观的雕塑，通过在不同区域摆放造型各异的景观雕塑将公园各个场所联系到一起，更好地为世人展现大明宫国家遗址公园的历史和文化。

（二）景观展示设计

大明宫国家遗址公园景观首先注重保护，其次是展示和开发。遗址公园也分为不同的等级，大明宫国家遗址公园被国家列为重点文物保护单位，所以在大明宫国家遗址公园景观设计中要对大明宫遗址中的重要宫殿遗址进行适当的参观限制，控制游客滞留的时间，减少对大明宫遗址的破坏。应该提倡有组织地进行参观和游览，或者是集体以及团体参观，同时要对游客进行道德素质的宣传和正确引导。在遗址景观上也可以增加更多的设计元素，组织规划合理的旅游线路，进一步增强公众的参与性。

大明宫国家遗址公园主要目的就是给世人还原盛唐的历史文化，所以展示设计也是对遗址本身采用的保护形式。大明宫国家遗址公园的景观是经过有效的科学技术手段对遗址本身修复后完整呈现出大明宫遗址的全貌，同时也发挥了很好的科研教育作用。大明宫遗址主要是对原有遗存古迹砌护以及以馆内形式来展示的，大明宫国家遗址公园的原址保护主要利用新型材料进行修复和完善，以新的视觉效果呈现给世人，从而形成展示和保护相结合的运作模式。

大明宫国家遗址公园运用最为广泛的还是砌护展示，主要利用遗址原有的土丘和地面建筑遗址，采用了新型的仿古材料（生态木）对遗址景观进行了砌护和修复。同样大明宫国家遗址公园也采用了馆内展示的方式，环境相对稳定，展示和遗址本身有关联的历史文物，可以供人们实地考察和游览，不受外界环境的影响。这不仅还原了历史，还直观地传播了历史文化，同样也拥有明显的发展优势。

（三）景观结构设计

大明宫遗址景观主要呈现为点状、线状、面状的景观结构模式，把三位一体模式充分利用在了遗址景观设计当中，三种不同的遗址景观模式可以表现不同的景观特征。大明宫国家遗址公园的景观结构重点就是遗址景观本身，剩余的景观节点是应用先进的工程技术手段来实现的。所以说这三种遗址景观结构

模式是互相联系和互相作用的,其中自然原因、经济原因、社会原因都是遗址公园景观结构形式构成的要素。

1. 点状遗址景观结构模式

大明宫国家遗址公园点状遗址主要表现在重点宫殿遗址当中,如丹凤门遗址、含元殿遗址等,这种组合形式是将单一个体和多个遗址有机地组合起来,有规律合理地分布在指定区域内的遗址景观布置形式。这种遗址结构模式相对遗址本身位置明确,同时唐文化历史主体突出。大明宫遗址景观结构格局主要是以主体为单位呈向外扩散状,拥有很强的导向性。大明宫国家遗址公园景观属性明确且有很强的景观吸引力,遗址区域内其他景观要素作为辅助,景观形式存在于遗址当中。大明宫国家遗址公园以遗址本身为重要的景观中心点,把建筑景观、绿化植被景观、景观节点作为整体遗址景观布置的重要依据。

2. 线状遗址景观结构模式

大明宫国家遗址公园是唐长安城的历史遗存,其本身就是按照规范的几何结构建设而成的,线状遗址景观是遗址本体和其他个体有规律地分布在带状形式下的结构模式。大明宫遗址运用了这种布置模式,拥有很好的景观连续性,其面积庞大,主要通过功能分区把遗址内的个体有规划地联系在一起。大明宫国家遗址公园景观是多个主要遗址景观连续的布置模式,丰富了景观游览的观赏性。该公园景观主要在大唐历史文化背景下,以多个主题景观区域相互结合而形成大遗址公园景观系统。大明宫遗址中主要有展现历史事件、历史人物和主要发展历程的景观区域,利用这些小的景观空间布局把整个遗址公园有机地联系在一起。

3. 面状遗址景观结构模式

大明宫国家遗址公园景观设计利用点、线不同景观结构模式联系形成遗址景观网状形态从而构成面状遗址景观模式。这样的景观模式使得大明宫遗址景观的空间形态更加丰富,同时遗址内部的景观内容也多种多样。大明宫国家遗址公园所形成的面状遗址公园模式充分把功能区进行了细致的划分,而且空间的层次感也得以清晰地呈现。

四、景观方案设计

大明宫国家遗址公园景观设计对遗址景观内部基本设施状况进行研究,公园道路、广场、植被、灯光、水体以及竖向设计都是遗址公园的重要组成部分。下面,通过对大明宫国家遗址公园景观的梳理和提炼,分析出遗址本身各种构成要素的基本特性,从而更好地为遗址公园景观的发展提供有力的保证。

（一）道路和广场设计

1. 道路

大明宫国家遗址公园的道路是连接整个遗址景观的框架，把遗址景观有机地结合在一起，形成了完整的游览观光路线，丰富了景观之间的层次感，在整个大明宫遗址景观设计过程中起到了重要的作用。该公园景观道路具有以下几种特征。

①历史性。大明宫遗址的道路不如建筑遗址可以抵御外部环境的干扰，很容易被遗址景观所忽视，特别是对遗址本身而言就很难保存下来。遗址道路也是遗址本身遗留下来的遗址景观载体，大明宫国家遗址公园景观道路的设计必须合理应用遗址空间格局和相关历史文献来进行整体的布局和划分。道路也承载有大量的历史文化信息。大明宫国家遗址公园的道路景观是公园本身系统中的现代人工景观规划，大明宫国家遗址公园景观道路在使用的同时，发挥着承载历史文化信息的作用，功能性与使用原则相互联系从而更好发挥着大明宫遗址公园景观体验功能，人们在公园道路的带领下增加了与遗址的互动，加深了对道路景观所承载历史文化信息的体验，得到更为深刻和真实的体验。

②文化性。针对大明宫国家遗址公园的历史文化底蕴，遗址景观道路系统就更要发挥出唐文化的特点。在盛唐时期城市的道路系统包含着大量的文化信息，反映出城市发展的脚步，就大明宫国家遗址公园的景观道路来看，道路铺装有很多刻有古代汉字、唐文化艺术图腾，这些都在很好地传达着唐朝传统历史文化，和整个唐文化背景下遗址景观设计相吻合，体现出特色鲜明、景观视觉性突出等特点。同样大明宫国家遗址公园景观道路也利用了植被绿化造型来展现和传递遗址景观所要表达的文化性。

③时间性。大明宫国家遗址公园的道路景观属于线性景观，它承载了唐代历史文化的时间发展。大明宫国家遗址公园作为唐代历史的重要载体，充分利用遗址景观道路把具有不同的遗址景观造型的不同历史时期的景观联系在一起，让大明宫遗址景观拥有历史的岁月感。

2. 广场

遗址公园广场是大明宫国家遗址公园景观最为主要的空间组合形式，也是最重要的遗址景观聚集区。该公园广场为了更好地展示遗址，呈现出唐文化下的大遗址景观，为前来游览观光大明宫遗址的人们提供了宽阔的场所。同时大明宫国家遗址公园为了满足功能造景的需求，以广场为载体为人们提供服务。

根据对广场性质的定位可将大明宫国家遗址公园广场分为两类，分别是交通型广场和景观型广场。二者的结合可发挥广场的人流交通引导疏散和景观造

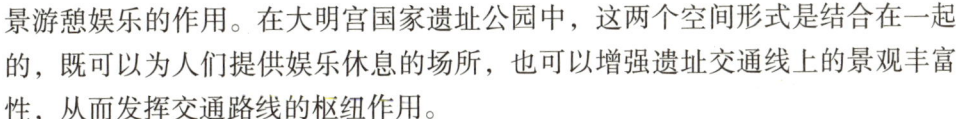

景游憩娱乐的作用。在大明宫国家遗址公园中，这两个空间形式是结合在一起的，既可以为人们提供娱乐休息的场所，也可以增强遗址交通线上的景观丰富性，从而发挥交通路线的枢纽作用。

3. 竖向设计

大明宫国家遗址公园在发展的同时也要注重遗址文化信息的完整性，必须保留好原有的地势地貌特征，保护好遗址周围的生态环境。不宜过多进行人工干预，否则容易导致丧失历史文化，缺少人文关怀。大明宫遗址公园在整体布局时进行深入的竖向设计。在遗址本体上设计会因为地形、环境的不确定和复杂性导致竖向设计的技术难度加大，同样也会影响到大明宫后续开发的可行性和遗址空间发展的经济性。

①大明宫国家遗址公园景观竖向设计必须满足主体遗址建筑物的功能和布置需要。大明宫遗址景观竖向设计必须考虑到景观环境的特定性和生态环境的持续性，需要根据遗址建筑的功能科学合理地组织所在的区域位置，同时也要充分地考虑到遗址保护的安全要求。

②大明宫遗址景观竖向设计要在原有自然地理条件的约束下，充分地考虑到遗址地形改造必须符合因地制宜的要求，不能进行大规模的遗址改造，必须在不破坏原有遗址的生态环境下进行原始遗址的恢复和开发，客观地还原遗址的原貌，尽可能地减少土方外运，做到在原有基础上进行保护开发，从而减少经济投入，做到合理统筹。

③大明宫国家遗址公园景观设计要合理应用科学技术工程手段，保证遗址景观工程建设和使用中的安全与稳定。

④大明宫国家遗址公园景观设计通过对实际地形的勘察，充分地了解遗址所在区域的地质结构和地表径流等信息，合理规划遗址公园场地的排水问题。大明宫国家遗址公园建设了完整的排水系统，实现了自然排放，保证了雨水排放的顺畅，从而排除了自然环境对遗址本身所带来的隐患。陡坡的设计在重要宫殿遗址景观规划中都得到了很好的应用。

⑤通过对大明宫遗址建设中涉及的地质和水文要求分析可知，竖向设计必须考虑到这些遗址所在区域的环境影响因素，研究遗址区域中的地形、地质等条件对遗址公园景观的制约，避免和控制不良地质结构对遗址产生的破坏，采取相关的防治措施。

（二）植被种植设计

大明宫国家遗址公园景观设计中的植物种植和分配也反映出了西安城市的地域特色，很好地展示了遗址空间场所内的植物特色。

大明宫遗址景观中需要种植大量的植被，通过合理的布局和分配，完善植被群落景观。遗址公园的植物种植要重要充分采用乡土树种，遵循适宜本地自然环境和气候要求的原则，利用乔本、灌木不同层次树种的混搭，使开合变化有序，形成景观宜人的遗址空间。通过对植被的选择以及搭配和遗址景观进行组景，可以更好地体现遗址公园的丰富性。在大明宫国家遗址公园景观设计中应少引用外来树种进行植物景观再造，因为它会破坏和影响遗址本身的艺术性质。同时也要尽可能保留遗址原有的树种，它可以作为区域历史的见证，和遗址本身一起作为历史信息的承载体而存在。主要宫殿区和宫苑区都种植着带状常绿树种，作为遗址公园冬季景观的常绿带。主要乔木树种有油松、华山松、白皮松等，在保证冬季常绿效果外还通过不同树种的外观和颜色来丰富遗址植物景观的艺术效果。宫殿区的园路外围主要种植层次不同的观赏花和常绿植物，营造春季景观效果，夏季的国槐和绿地形成夏天的景观特色，秋季以观叶乔木为主，从而形成遗址景观和园区道路的远景衬托。宫苑区的植物品种丰富，清思殿遗址种植植物以菊花为主，在太液池以西，根据史料梨园中的记述，在西池种植大量的梨花，西池西南岸现种植有桃林，加以梳理形成层次上的变化，以及麟德殿南边的樱花和三清殿区周边的竹林，构成了一个秀美的植物景观空间。根据大明宫土样分析发现土层中含有中锦葵科的木芙蓉和牡丹，所以在大明宫玄武门种植了大面积的牡丹，游客可以在遗址夯土上观赏牡丹，体味到浓厚历史文化中的国色天香。

大明宫国家遗址公园的植物搭配也要根据地势的变化、组合形式的变化以及视觉感受等做出相应的调整，不应放任植被无规律地生长。在遗址区域的高处种植高大的乔木和常绿树种，而要在低处相对应地种植一些低矮灌木，通过这样的植物搭配模式加强遗址景观的层次变化，丰富了林冠线的起伏。同时，在大明宫国家遗址公园主要的遗存太液池遗址当中，也合理应用水生植物的搭配，满足遗址生态环境的要求，利用水生乔木、水生灌木、浮游植物等，增强植物的搭配和遗址自然景观的变化，同时也有利于遗址水体的净化，达到美化小环境的作用。

（三）灯光和水体设计

遗址公园主要是将遗址景观作为最重要的空间节点，通过大量的植被种植和水景以及广场来布置遗址公园。遗址公园的灯光不仅发挥提供日常照明的作用，还实现景观艺术性的表达和呈现，利用灯光所产生出来的视觉效果也可以很好地表现遗址公园景观的层次感和历史感。大明宫国家遗址公园灯光设计，主要是为了更好地在夜晚烘托遗址公园景观气氛，重点强调和凸显出遗址公园的设计构思和形象特征，使其成为一个和谐统一且层次分明的美丽景象。大明宫国家遗址公园的夜景灯光很好地突出了遗址公园娱乐性以及历史文化主题。

1.灯光设计

首先，大明宫国家遗址公园景观灯光点照明的渲染是在遗址本体的轮廓边缘和绿化边缘，通过灯光光束直射对遗址景观的渲染。大明宫国家遗址公园景观设计的主题就是利用这种灯光来强化的。遗址公园灯光照明设计中，并不是单一地对灯管照度的高与低提出要求，而是要明确地渲染出遗址公园的基本造型和轮廓，同时对遗址周边植被的照明进行艺术加工，从而营造回归历史、重温历史的氛围。

其次，线性照明要贯穿整个遗址区域。大明宫国家遗址公园的道路是有连接线性的因素，也是人们在遗址公园中使用范围最大和次数最多的区域之一，应通过对大明宫国家遗址公园道路设置灯管效果（包括照明灯、地灯、指引灯）来营造不同形式的道路线性效果。大明宫国家遗址公园景观绿化照明是遗址夜景最重要的组成部分。为了更好地彰显大明宫遗址公园休闲和回顾历史文化的特点，在绿化照明的设计中要注意以下几个方面。

①要求灯光照明的强度不能太高，这样可以体现出大明宫国家遗址公园的神秘色彩和历史沧桑感，而且还不影响周边居民的正常生活。

②灯光的设计要有层次感，主次明晰，明暗效果突出。

③尽可能地使用暖色调的金卤灯，可以很好地在夜景中表现出植物的真实色彩。

总而言之，好的景观灯光设计应该表现出明暗适度、舒适和谐、层次分明、自然协调的公园氛围。

再次，大明宫国家遗址公园的景观灯光照明主要是为了绿化和遗址的表现，这两方面是照明景观中的具体实施载体。绿化照明要对大明宫遗址景观植物的形态和组景进行合理的设计，遗址景观照明设计是对现有遗址遗存进行灯光的渲染和烘托，从而更好地利用植物照明和遗址景观照明对遗址公园进行艺术重现。

最后，利用夜景照明重点表达大明宫国家遗址公园设计的宗旨，合理利用以及展现各种遗址景观在夜间的表现力。环保节能也是大明宫遗址景观灯光照明设计考虑的重点，大明宫遗址所采用的是节能光源以及高效灯具，这样既减少了灯具的数量，也降低了使用和维修费用。科学利用灯光设计既实现了与大明宫国家遗址公园景观设计理念相吻合的夜间景观效果，也达到了节能环保的目的。

2. 水体设计

大明宫国家遗址公园中最主要的水景——太液池遗址，就是遗址最重要的遗存之一。太液池遗址也成为西安二环内最大水体景观，复原的太液池面积达到了13万平方米。水景为遗址公园创造了宜人空间，给游客提供了休闲娱乐的场所。大明宫国家遗址公园的水体景观主要采用的是自然驳岸，还原历史自然景象，没有过多地进行人工干预而破坏遗址的历史文化气息。

在遗址公园景观中应该把水体设计和水生植被有机地结合在一起，以此来提高水体景观的生命力和活力，艺术性地再现自然环境，提高景观环境的丰富性和趣味性。同时在遗址景观设计中利用水体和水生植物的结合也能增强遗址公园的视觉艺术效果，流露出景观整体的跃动感。水体作为大明宫国家遗址公园景观中不可或缺的一部分，和遗址整体景观相融合，使历史遗存表现得更为和谐。在大明宫遗址本身的展现上，可以通过运用遗址遗留的自然元素来衬托大明宫国家遗址公园的主题。

参考文献

[1] 王江萍.城市景观规划与设计[M].武汉：武汉大学出版社，2020.

[2] 刘巍，赵肖，李卓，等.环境景观规划与设计[M].北京：北京理工大学出版社，2019.

[3] 刘利亚.景观规划与设计[M].武汉：华中科技大学出版社，2018.

[4] 郭征，郭忠磊，豆苏含.城市绿地景观规划与设计[M].北京：中国原子能出版社，2019.

[5] 胡先祥.景观规划与设计[M].北京：机械工业出版社，2015.

[6] 孙凤明.城市郊区乡村景观规划研究[M].石家庄：河北美术出版社，2020.

[7] 李士青，张祥永，于鲸.生态视角下景观规划与设计研究[M].青岛：中国海洋大学出版社，2019.

[8] 王葆华，王璐艳.环境景观植物与设计[M].武汉：华中科技大学出版社，2018.

[9] 方慧倩.城市滨水景观设计[M].沈阳：辽宁科学技术出版社，2017.

[10] 巴尔斯利.滨水景观设计[M].沈阳：辽宁科学技术出版社，2018.

[11] 付军.尊重人与自然的城市滨河区景观规划与设计[M].北京：中国农业出版社，2009.

[12] 江芳，郑燕宁.园林景观规划与设计[M].北京：北京理工大学出版社，2017.

[13] 彭丽.现代园林景观的规划与设计研究[M].长春：吉林科学技术出版社，2019.

[14] 陆娟，赖茜.景观设计与园林规划[M].延吉：延边大学出版社，2020.

[15] 谢云，胡华.园林植物景观规划与设计[M].武汉：华中科技大学出版社，2014.

[16] 曹福存，宋丹丹．图解城市道路景观设计 [M]．北京：中国轻工业出版社，2016．

[17] 刘彦红，刘永东，陈娟．居住区景观设计 [M]．武汉：武汉大学出版社，2020．

[18] 天津名筑文化．居住区景观艺术 [M]．武汉：华中科技大学出版社，2015．

[19] 高宇宏．居住区景观性健身设施探索与研究 [M]．北京：中国建材工业出版社，2019．

[20] 中国建筑文化中心．中外景观：居住区景观 [M]．哈尔滨：黑龙江美术出版社，2014．

[21] 葛学朋．易居景观居住区景观规划与设计 [M]．广州：华南理工大学出版社，2013．

[22] 王华青，马良，吉文丽．论园林景观规划的主题与文化 [J]．西北林学院学报，2011，26（05）：229-235．

[23] 冯钰萌．城市滨河绿道规划设计研究 [D]．雅安：四川农业大学，2015．

[24] 张延斌．基于生态恢复的城市滨河景观设计 [D]．哈尔滨：东北农业大学，2017．

[25] 丁砚强．基于河道综合治理的滨河景观设计研究：以沮河黄陵县城段景观设计为例 [D]．咸阳：西北农林科技大学，2012．

[26] 董梁．城市滨河公园景观改造设计研究：以博山区世纪公园改造设计为例 [D]．泰安：山东农业大学，2012．

[27] 张颖．基于人性化的城市滨河景观设计研究——以迁安滦河滨河景观为例 [D]．上海：华东理工大学，2015．

[28] 韩蓉．地域文化视角下的兰州滨河景观设计研究 [D]．北京：北京林业大学，2014．

[29] 宋阜苤．城市滨河空间柔性界面的营造手法研究 [D]．武汉：华中科技大学，2013．

[30] 韦宝伴．城市道路的人性化空间 [D]．广州：华南理工大学，2013．

[31] 覃文超．城市景观大道街景设计方法研究 [D]．广州：华南理工大学，2013．

[32] 孟婷．城市景观道路的标志性提升研究 [D]．哈尔滨：东北林业大学，2014．

[33] 梁凯．引入城市设计理念的道路景观研究 [D]．南京：南京工业大学，2014．

[34] 贾秉玺. 基于视觉特性的城市道路景观设计 [D]. 北京：北京林业大学，2010.

[35] 康雄辉. 新中式居住区景观设计探讨 [D]. 重庆：西南大学，2014.

[36] 王瑞鑫. 居住区景观发展历程及趋势研究 [D]. 西安：西安建筑科技大学，2015.

[37] 杨琪芮. 基于海绵城市的居住区景观设计美学评价研究 [D]. 成都：西南交通大学，2018.

[38] 王钰祺. 居住区景观设计的中国画意研究 [D]. 西安：西安建筑科技大学，2012.

[39] 张晓艳. 光影在园林景观中的审美与应用研究 [D]. 济南：齐鲁工业大学，2014.

[40] 邹巨龙. 珠三角居住区低成本景观设计研究 [D]. 广州：华南理工大学，2011.

[41] 倪静婷. 居住区景观中的围墙艺术设计研究 [D]. 南京：南京林业大学，2012.

[42] 刘萱萱. 基于人居舒适度的居住区景观设计 [D]. 北京：中国林业科学研究院，2016.

[43] 原野. 五感设计在园林景观设计中的应用研究 [D]. 咸阳：西北农林科技大学，2018.

[44] 任涛. 城市园林景观中道路与广场的绿地设计研究 [D]. 西安：西安建筑科技大学，2012.

[45] 徐蕾. 海南园林景观的地域性研究 [D]. 海口：海南大学，2013.

[46] 陆莹. 新中式园林景观特色研究 [D]. 沈阳：沈阳农业大学，2016.

附 录

附图-1 天龙山景区入口

附图-2 天龙山景区夜景

附图-3 乔家大院综合旅游开发项目

项目概况：该项目位于晋中市祁县，景区设计范围总占地53.71公顷，建筑面积为225 388.06 m^2。其中包含酒店、商业街、博物馆、景区配套等。

附图-4 乔家大院商业街北立面图

附图-5　乔家大院商业街南立面图

附图-6　博物馆北入口

附图-7　博物馆南入口

附 录

附图-8　乔家大院综合旅游开发区局部图

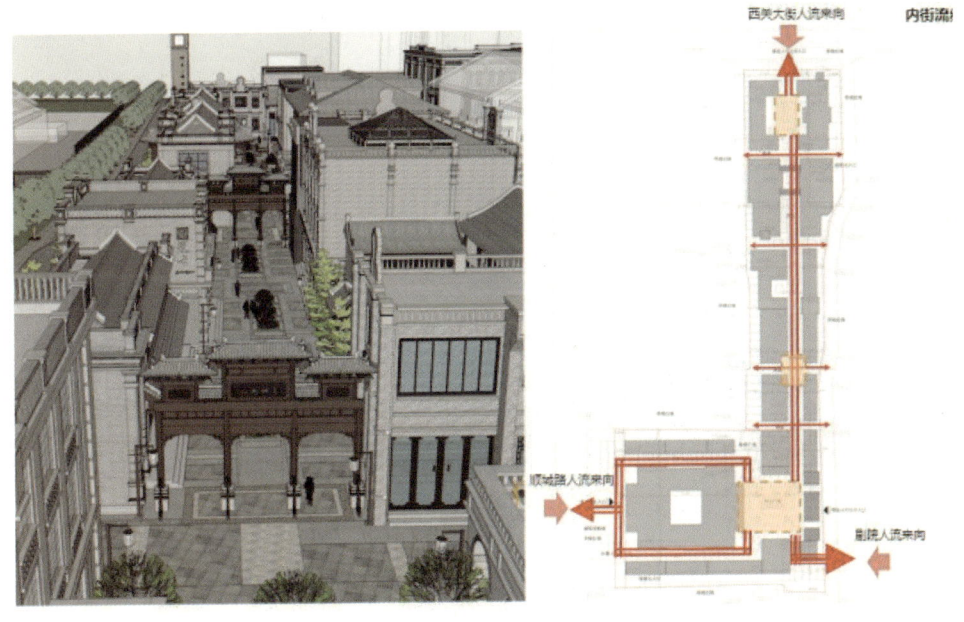

附图-9　平遥印象新街商业街整体设计

项目概况：本项目位于世界历史文化遗产的山西省平遥县古城西侧，项目包含六个酒店、商铺等，长约 500 m，总建筑面 54 254 m²。总投资约 3 亿元。建筑风格上整体以民国时代文化为背景，中西建筑文化交汇呈现。

附图-10　平遥印象新街商业街

附图-11　平遥印象新街商业街入口

附图-12　岢岚古城旅游规划设计及城市设计

项目概况：项目建设范围为东至东城南街，南至南侧城墙，西至西城南街，北至居仁街。根据地块划分可分为24个组团，共61处院落，总用地面积约为725.51公顷。

附 录

附图 -13　岢岚古城鸟瞰图

附图 -14　太原"大美东山"田园综合体项目

项目概况：该项目占地面积总面积 358 公顷，建设面积约 50 000 m²。该项目业态包括酒店、餐饮、非物质文化遗产展示及传承、古村落改造等。该项目以"生产、生态、生活"为核心，集"自然 - 生产 - 休闲 - 康养 - 教育"于一体，集"住宿餐饮 - 休闲娱乐 - 绿色康养 - 文化交流"于一身，是太原市东山景区的旅游新亮点。

附图 -15　田园综合体

附图 -16　太原市青龙古镇商业片区设计

项目概况：该项目位于青龙古镇与方特公园中间，将太原城北废水处理厂的水进行净化，结合建筑营造出一种水镇的氛围。整体建筑风格呈现民国时期的特色，将太原市传统文化和当地商业特色相结合，打造集休闲、旅游、娱乐为一体的时尚商业旅游街区。

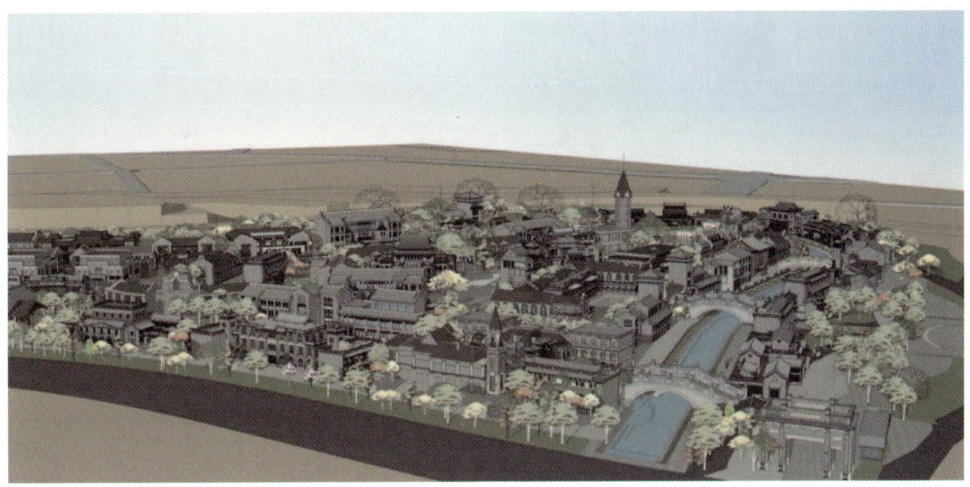

附图-17　太原市青龙古镇鸟瞰图

附图-18　太原市青龙古镇中心广场

附图-19 临江仙——双流融汇栖意生态滨水公园整体图

附图-20 临江仙——双流融汇栖意生态滨水公园局部图

附图-21 临江仙——双流融汇栖意生态滨水公园鸟瞰图

附图-22 光之建筑设计

附图-23 研磨时光——景观建筑设计1

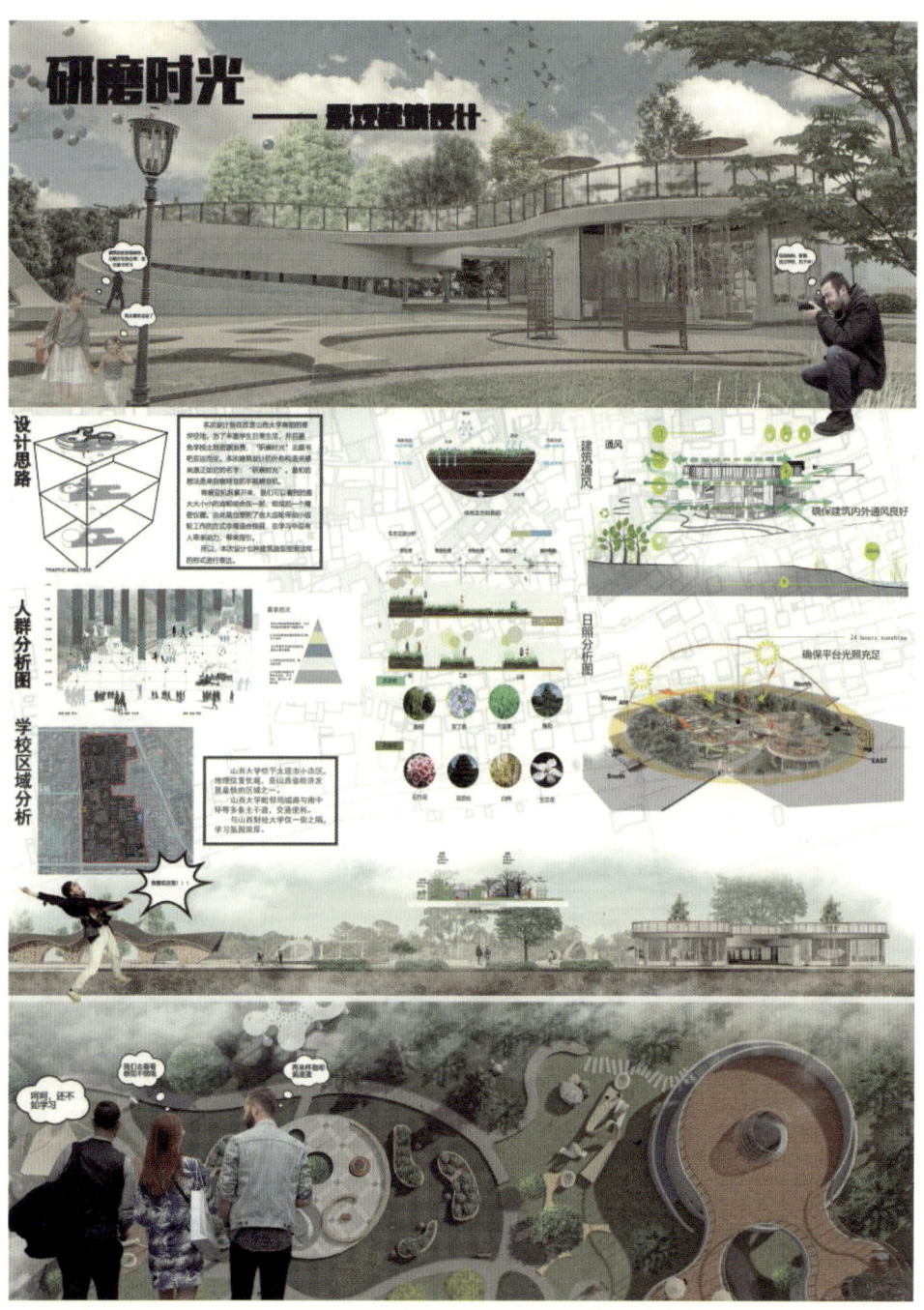

附图-24 研磨时光——景观建筑设计 2

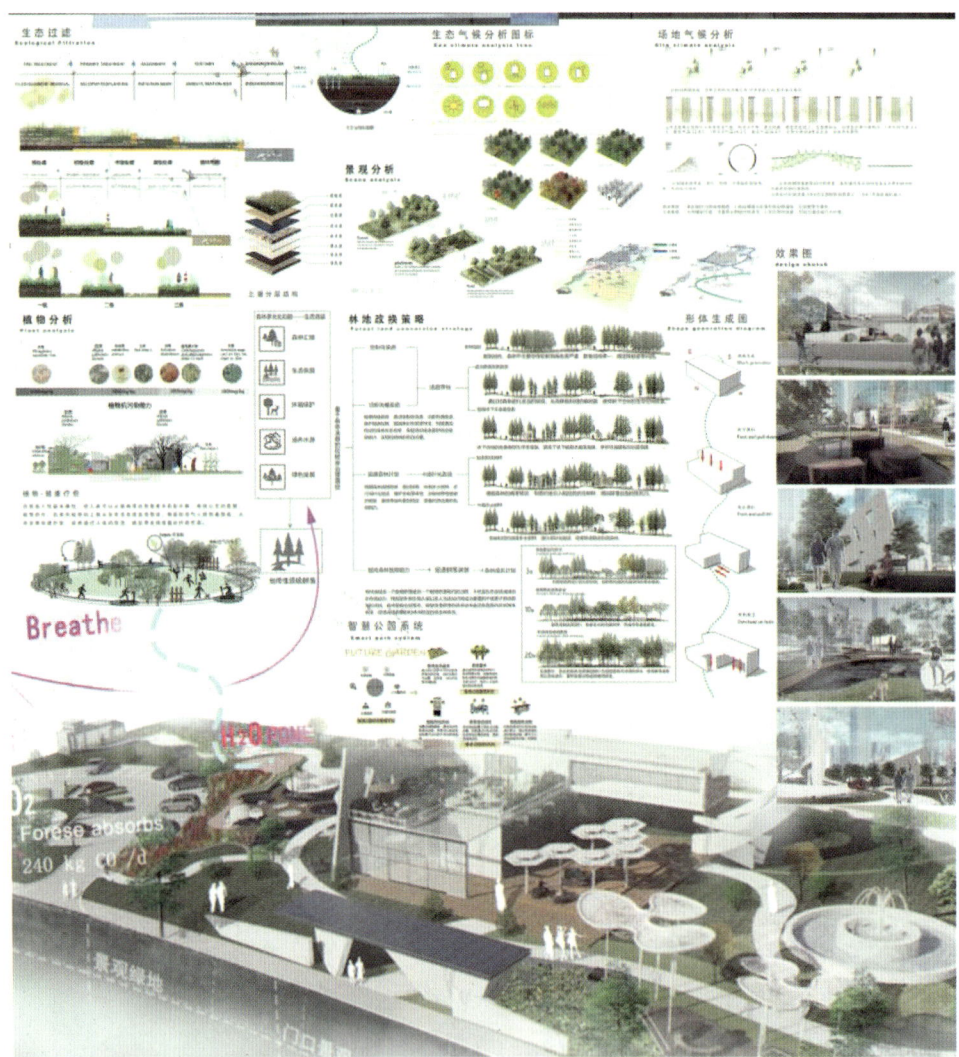

附图-25 漫时分咖啡馆设计

附图-26 艺术展厅设计

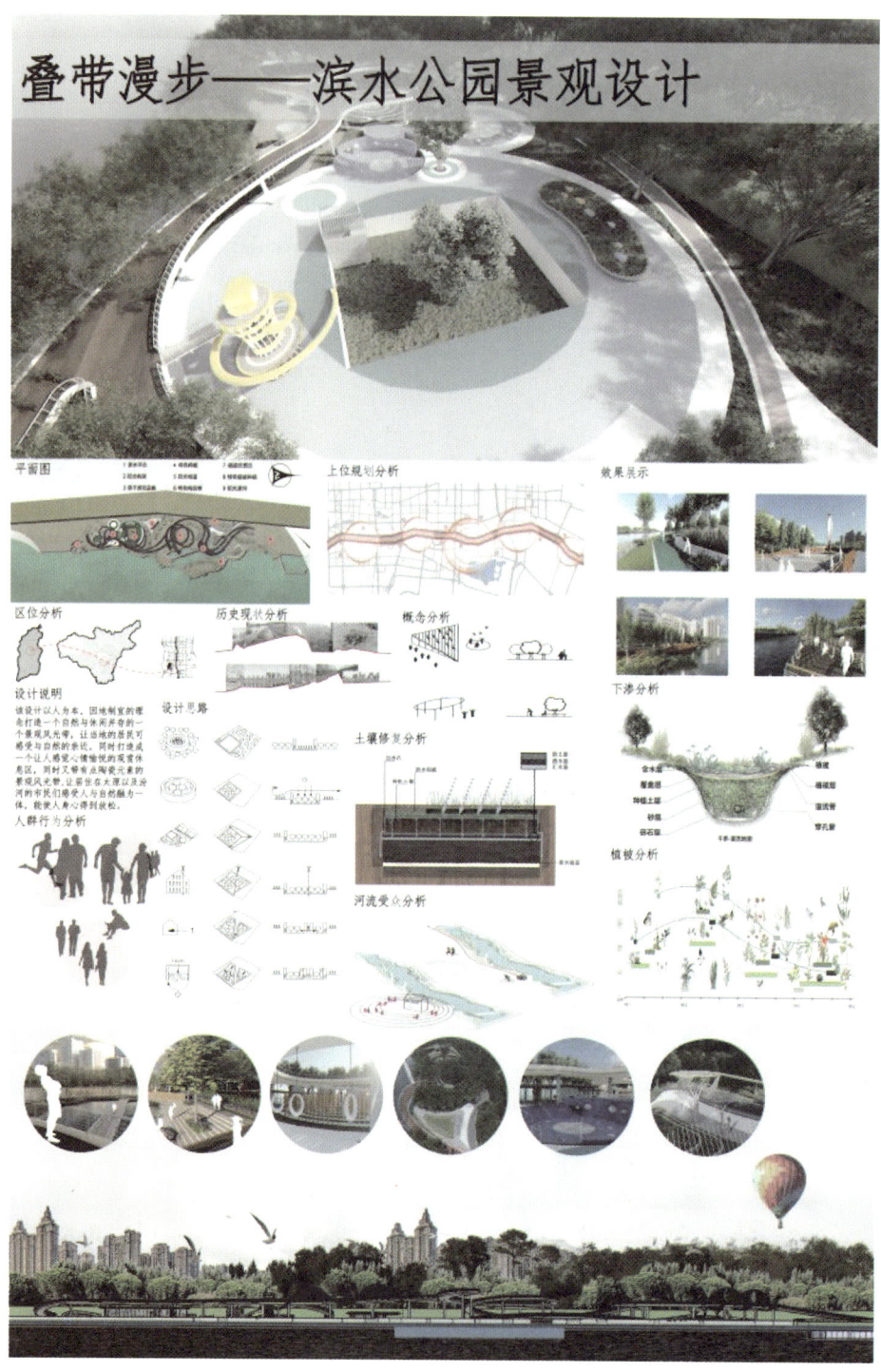

附图-27　叠带漫步——滨水公园景观设计

附图-28 季节光景——常态化封闭管理下的生活美学 1

附图-29 季节光景——常态化封闭管理下的生活美学 2

附图-30 季节光景——常态化封闭管理下的生活美学3

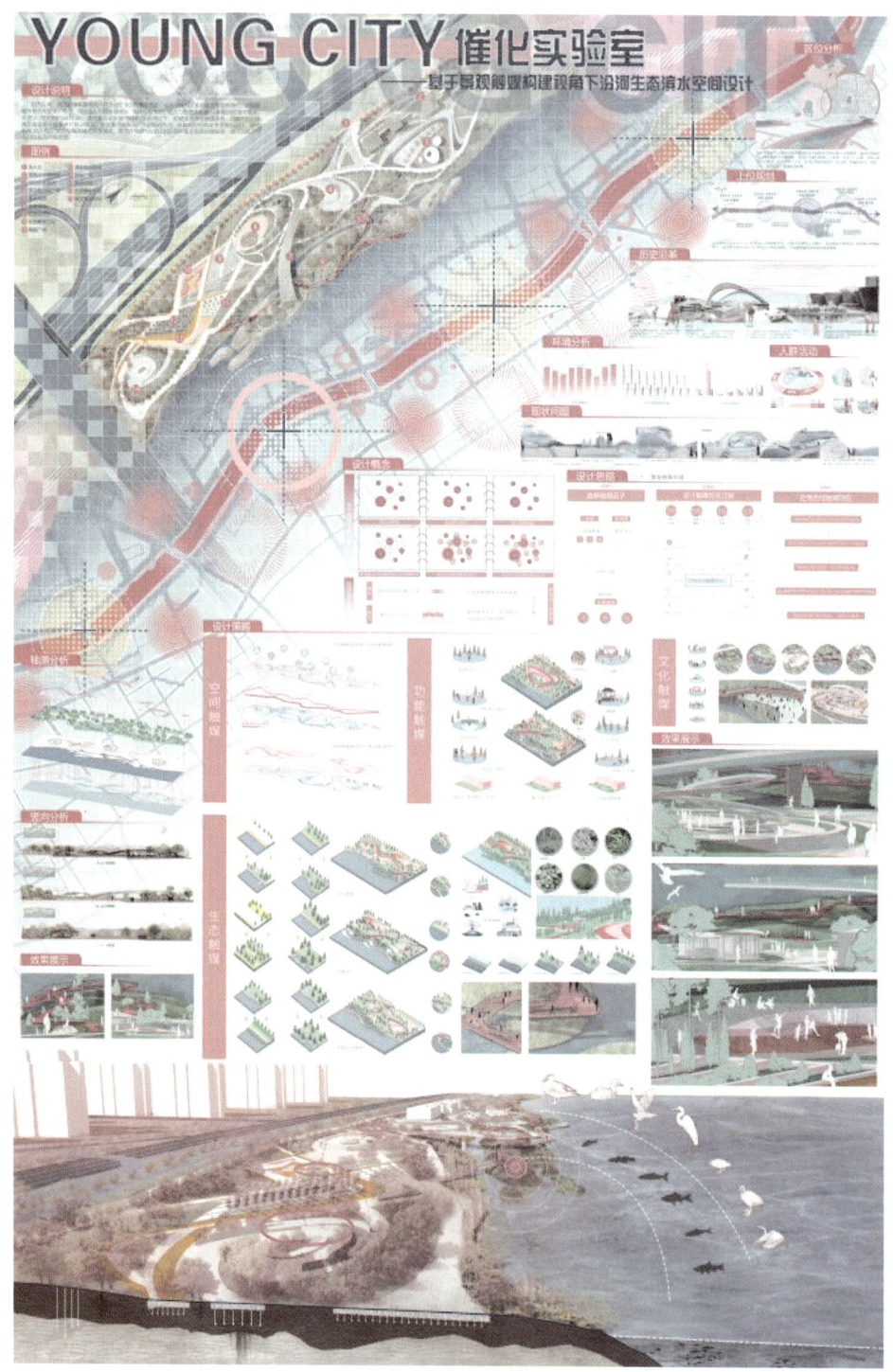

附图-31　YOUNG CITY 催化实验室

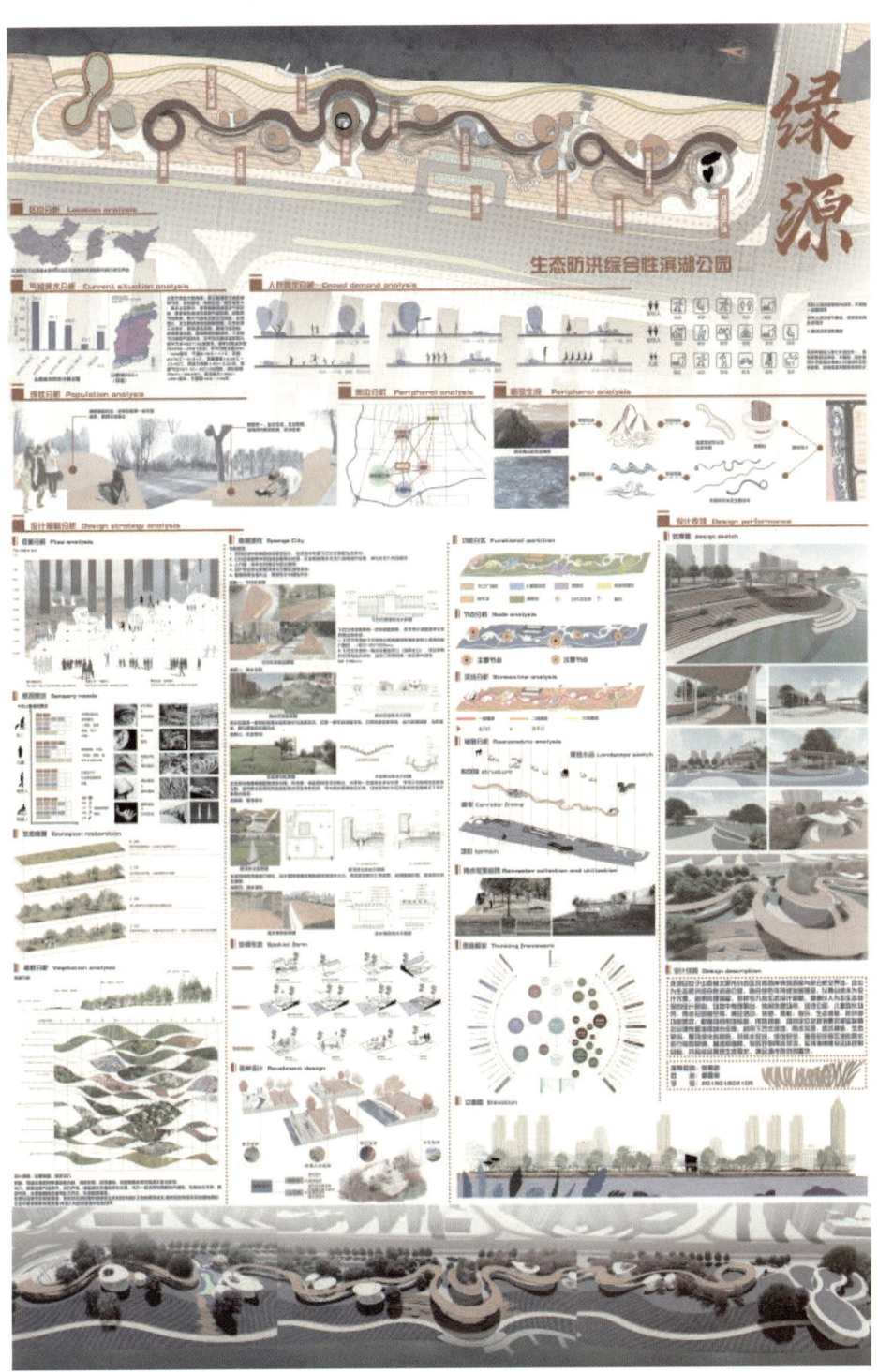

附图-32 绿源——生态防洪综合性滨湖公园

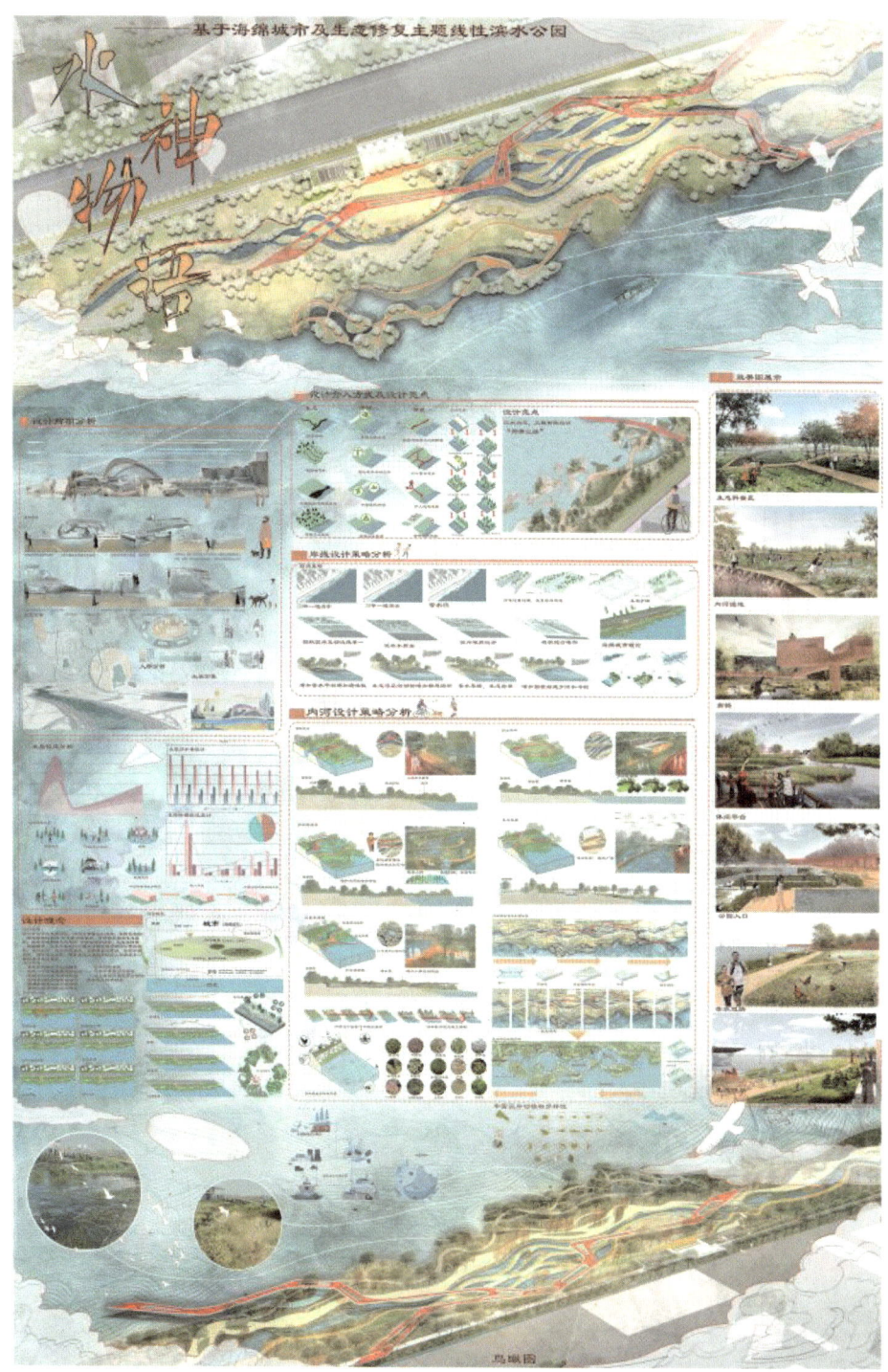

附图-33 水神物语

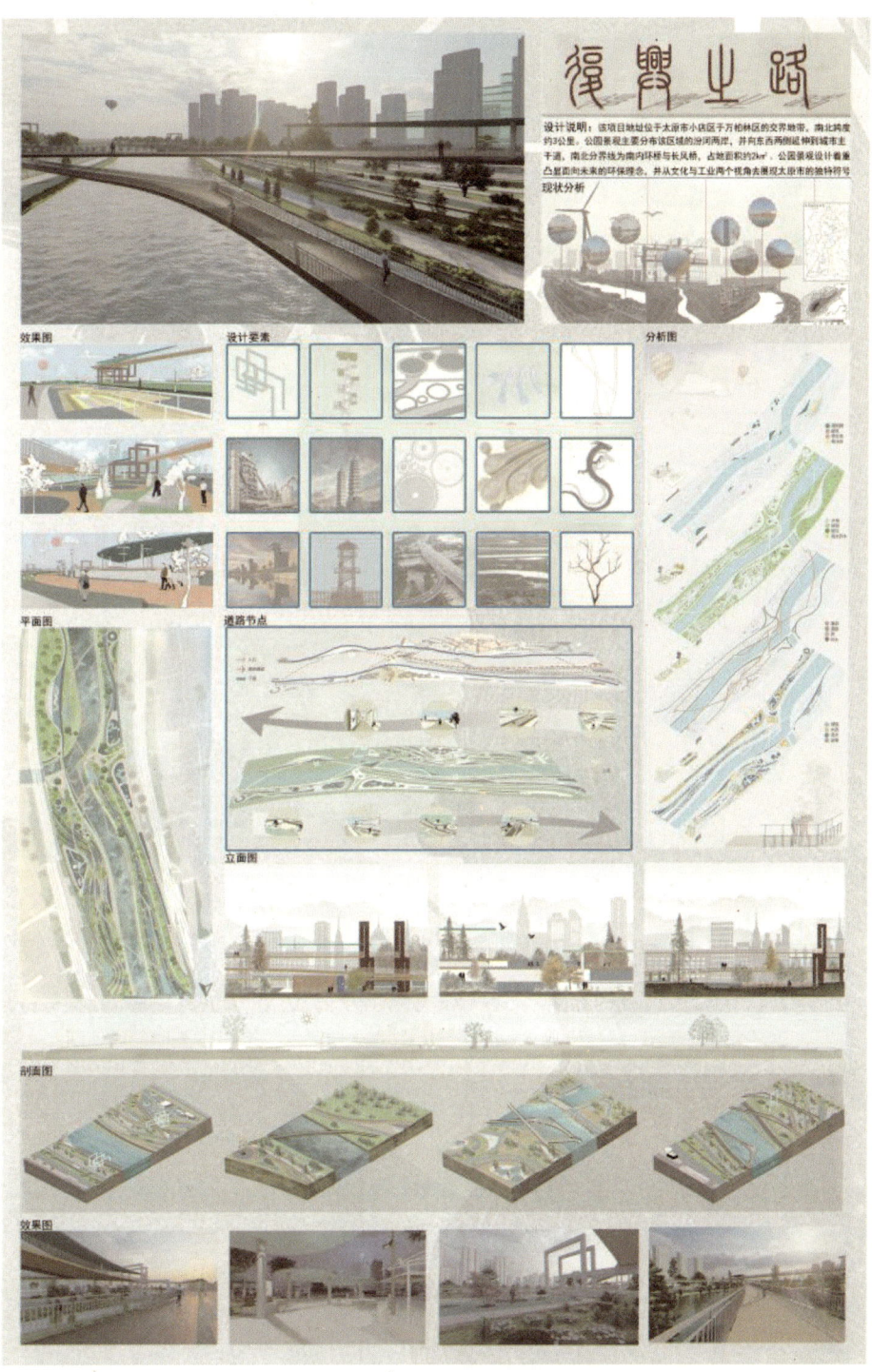

附图-34 公园景观设计1

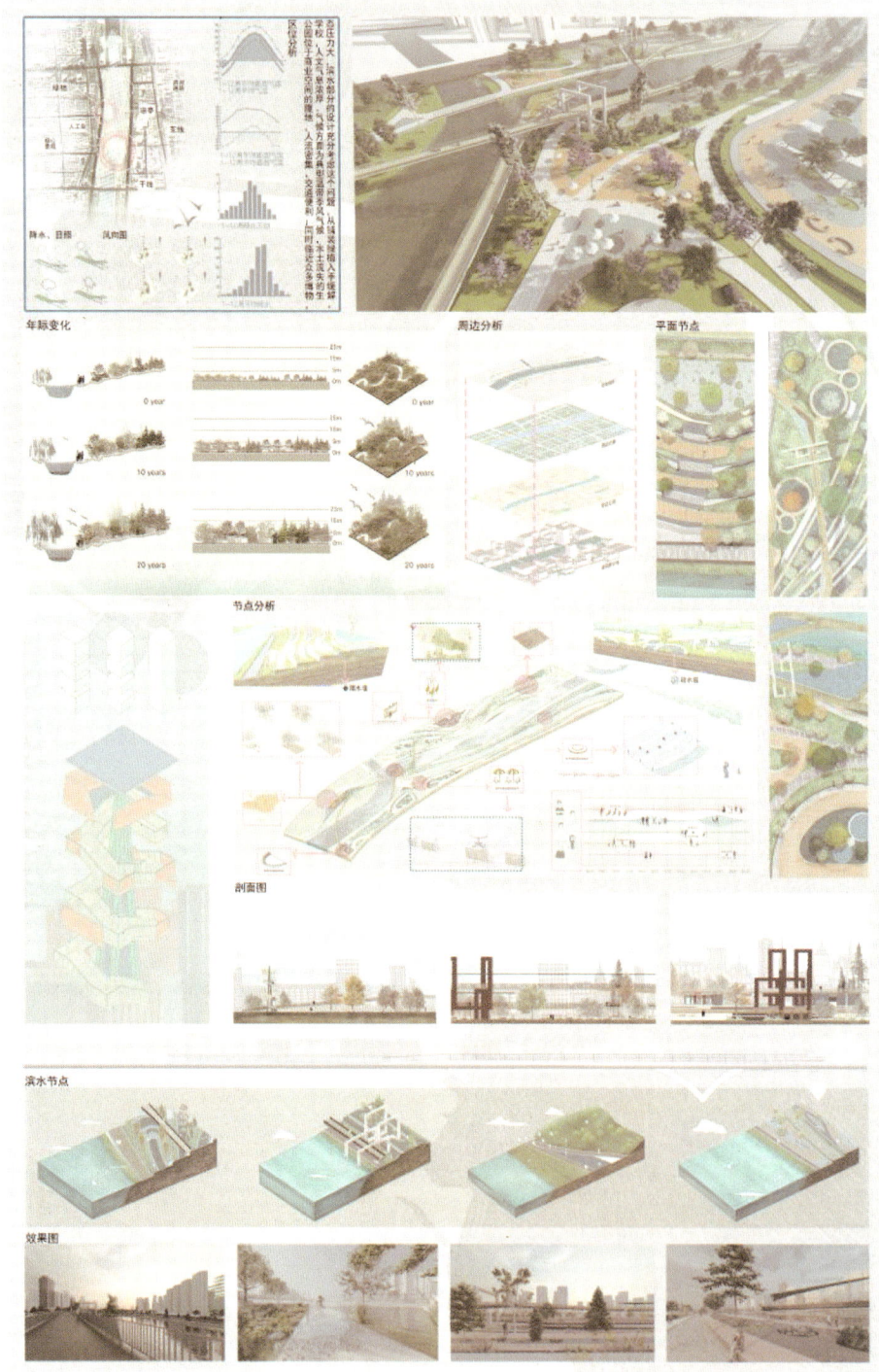

附图-35 公园景观设计2

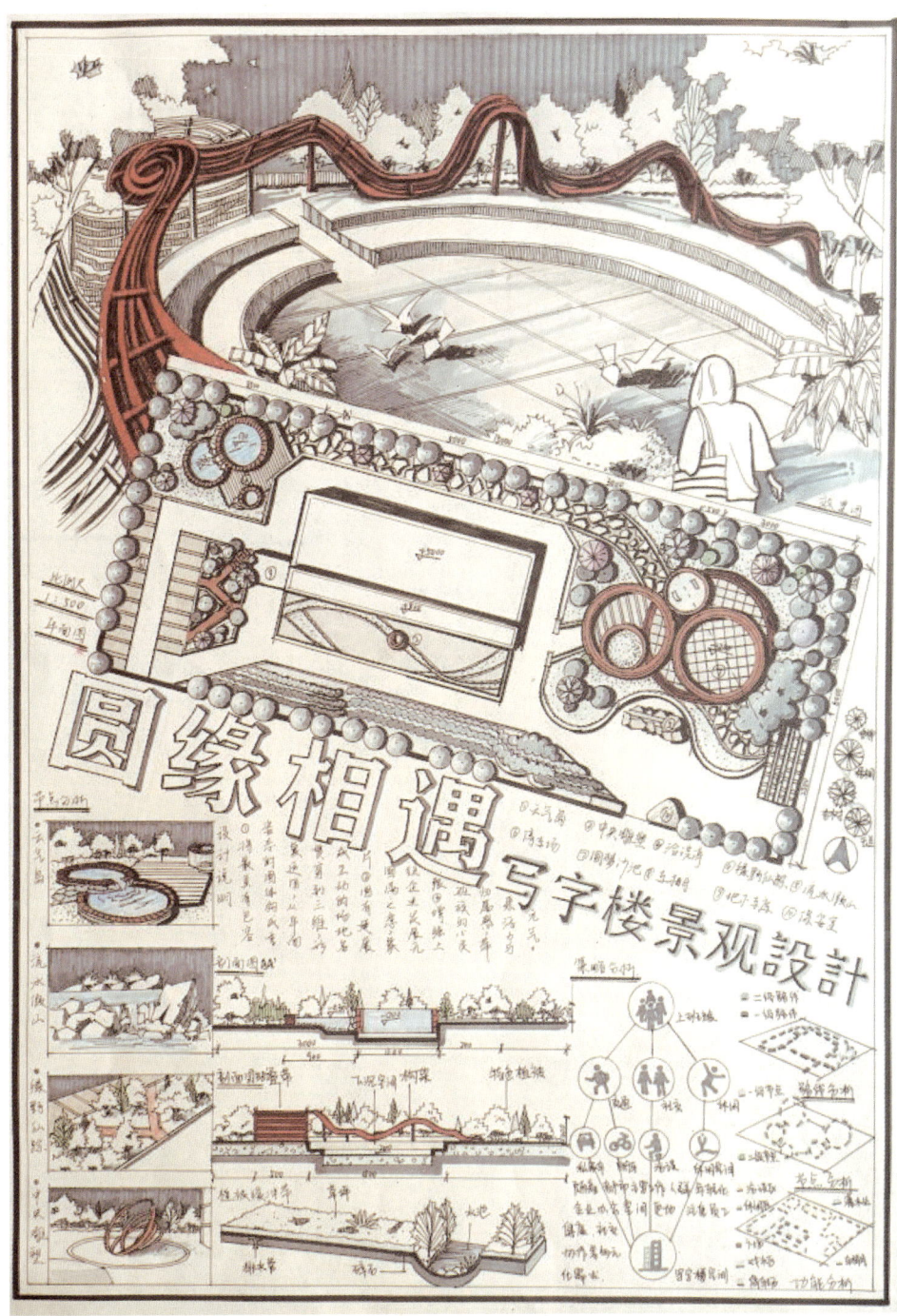

附图-36 圆缘相遇写字楼景观设计

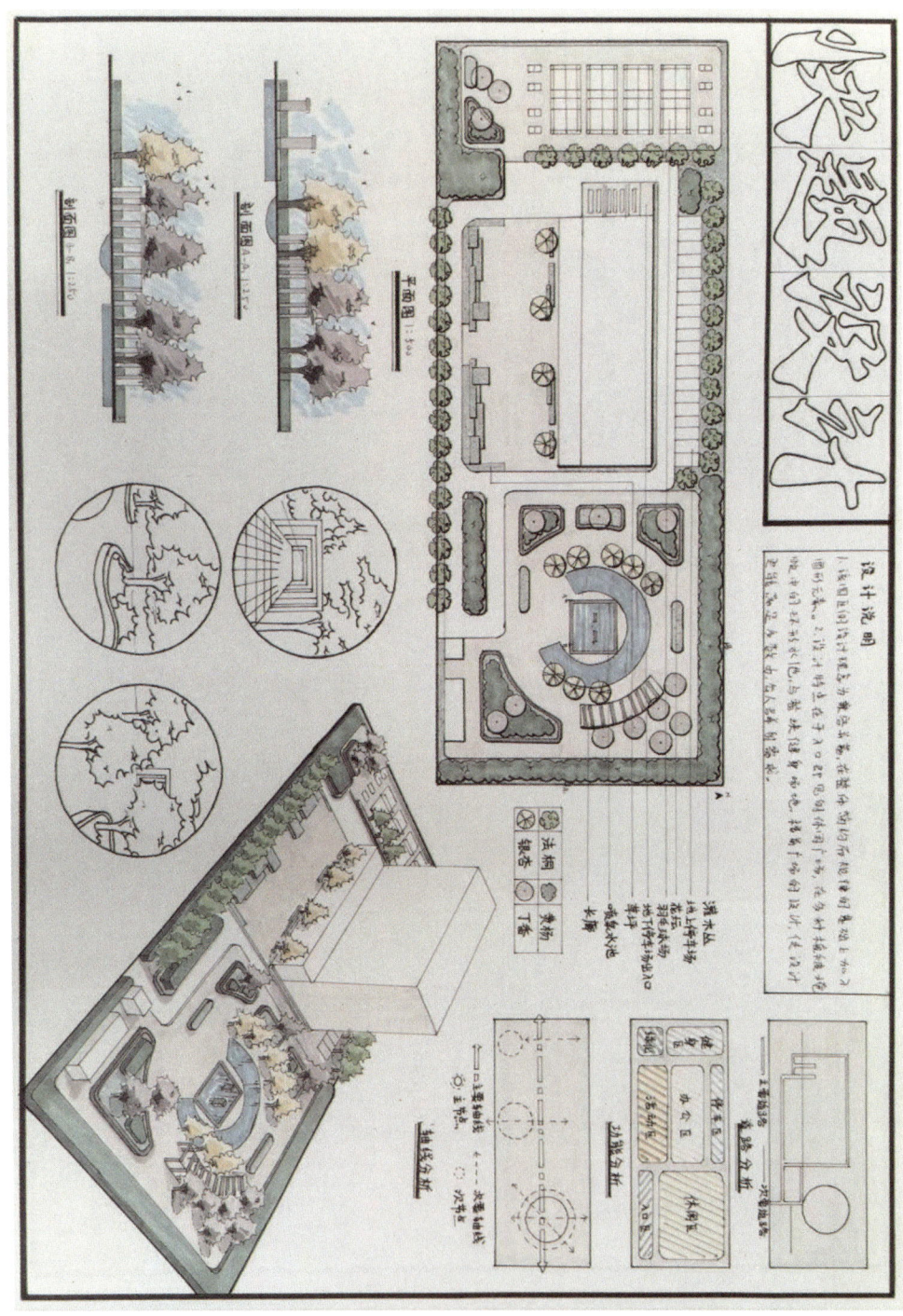

附图-37 快题设计

附图-38 城市公园

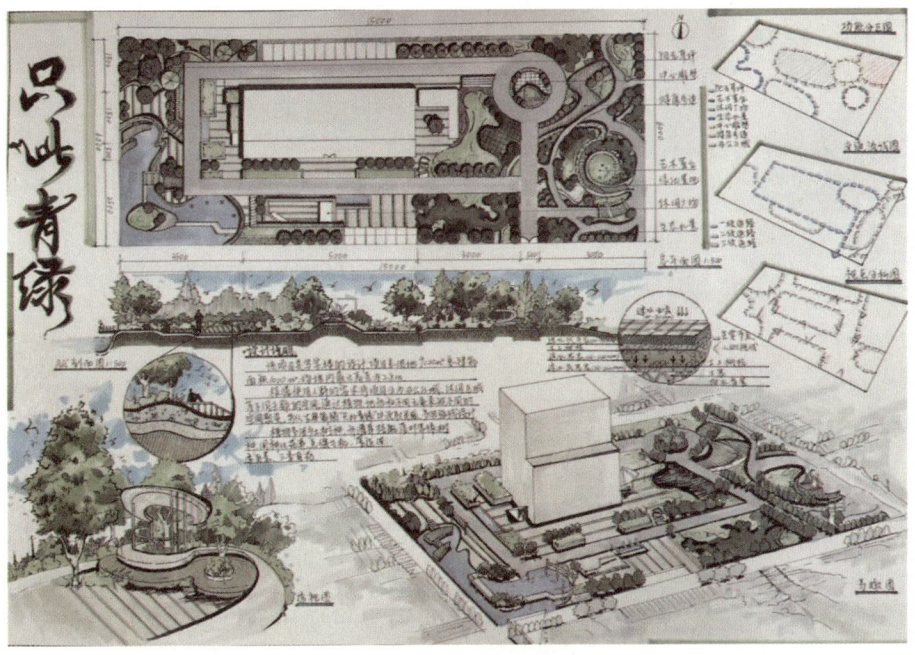

附图-39 只此青绿

附图-40 山居秋暝1

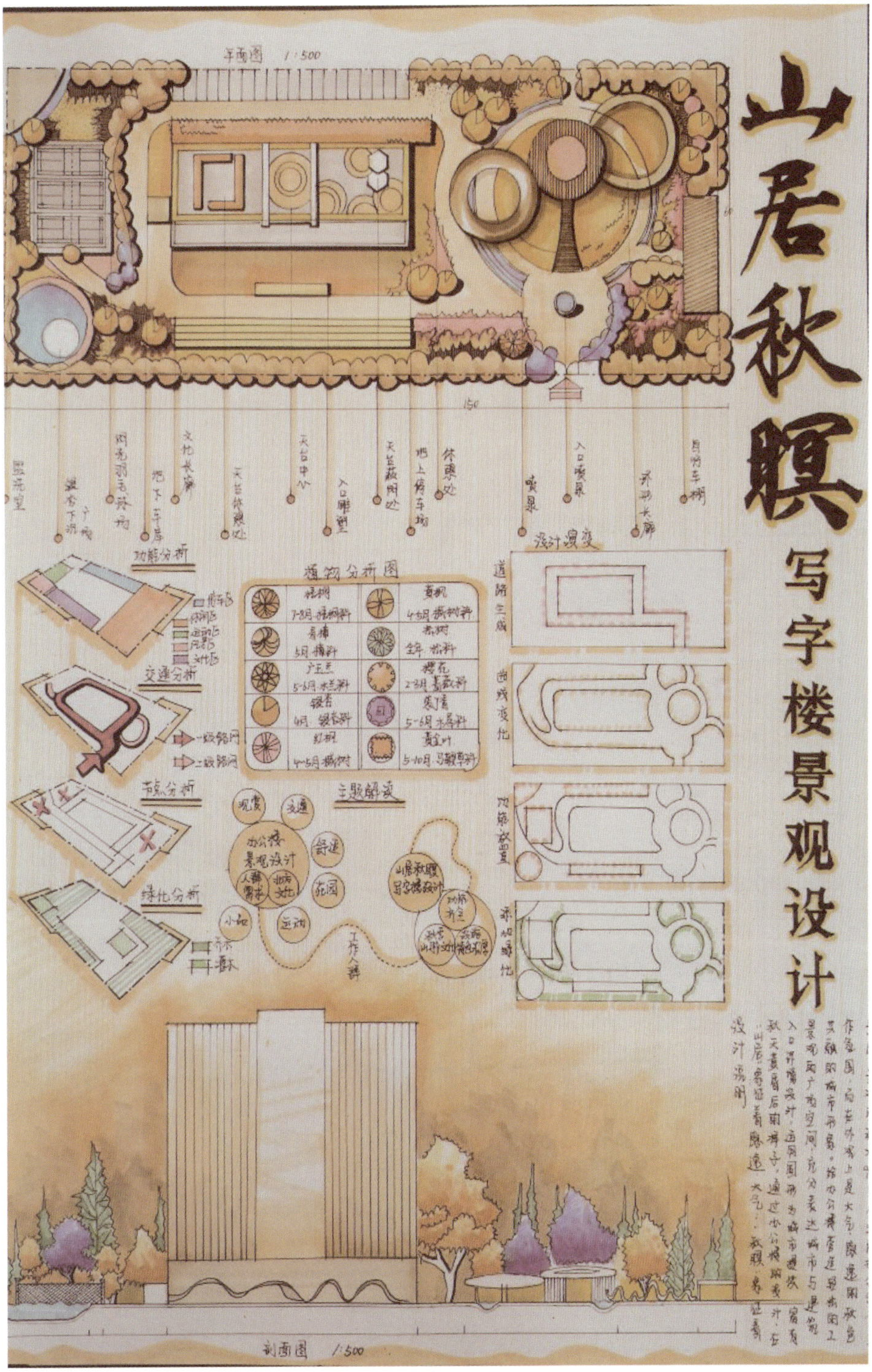

附图-41 山居秋暝写字楼景观设计

附图-42 梯境特色民宿设计

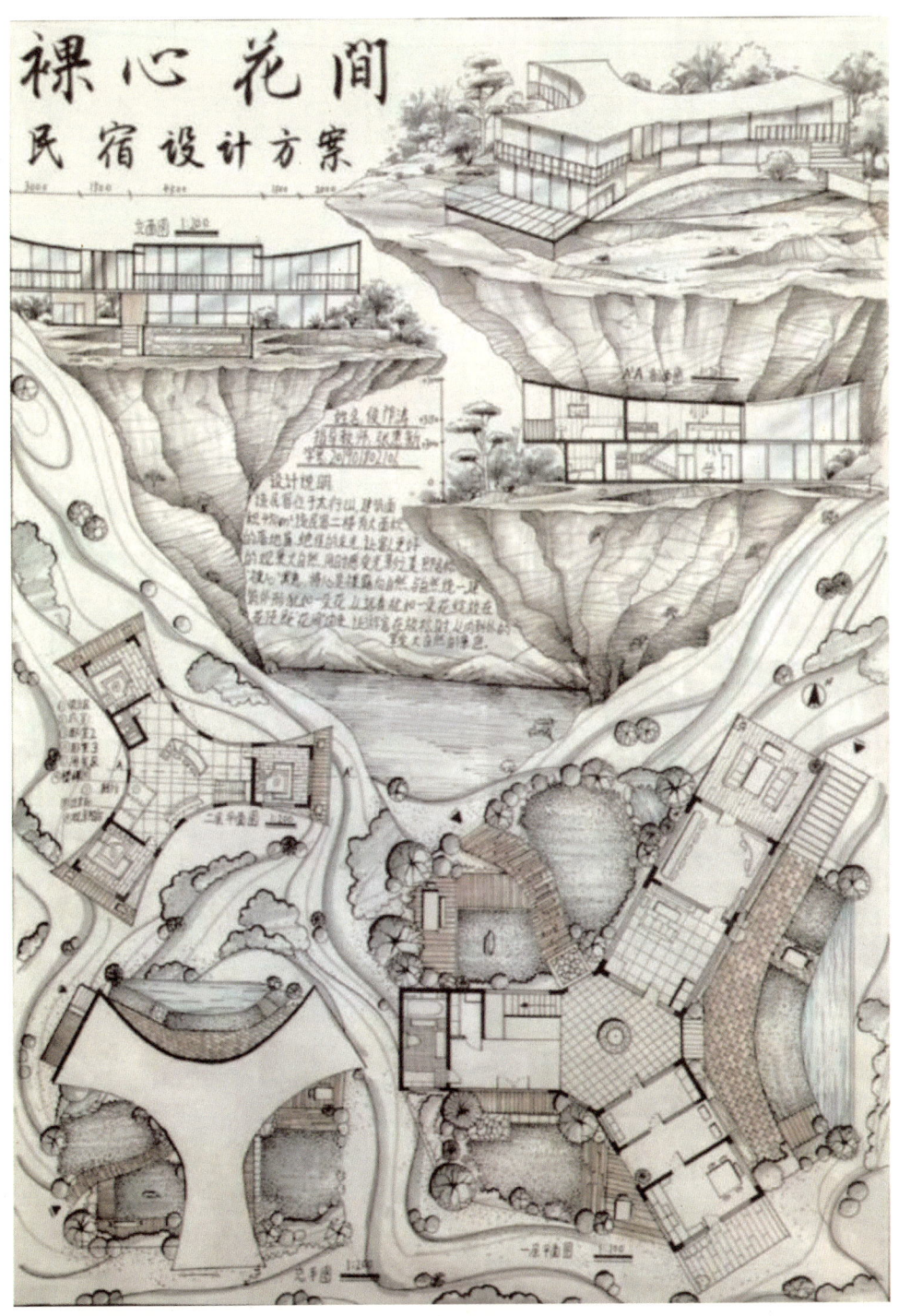

附图-43 裸心花间民宿设计方案

附图-44 森镜民宿设计

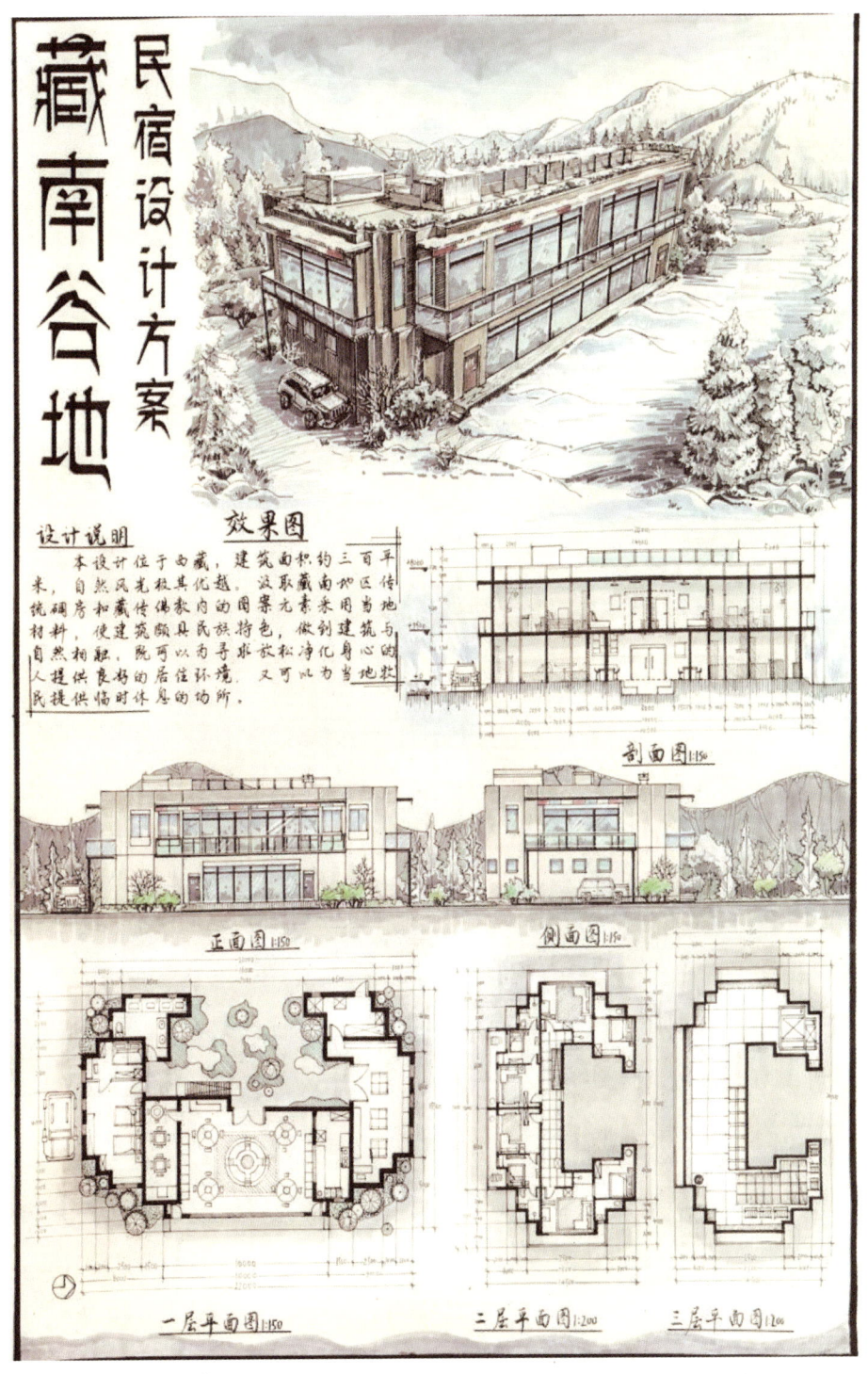

附图-45 藏南谷地民宿设计方案1

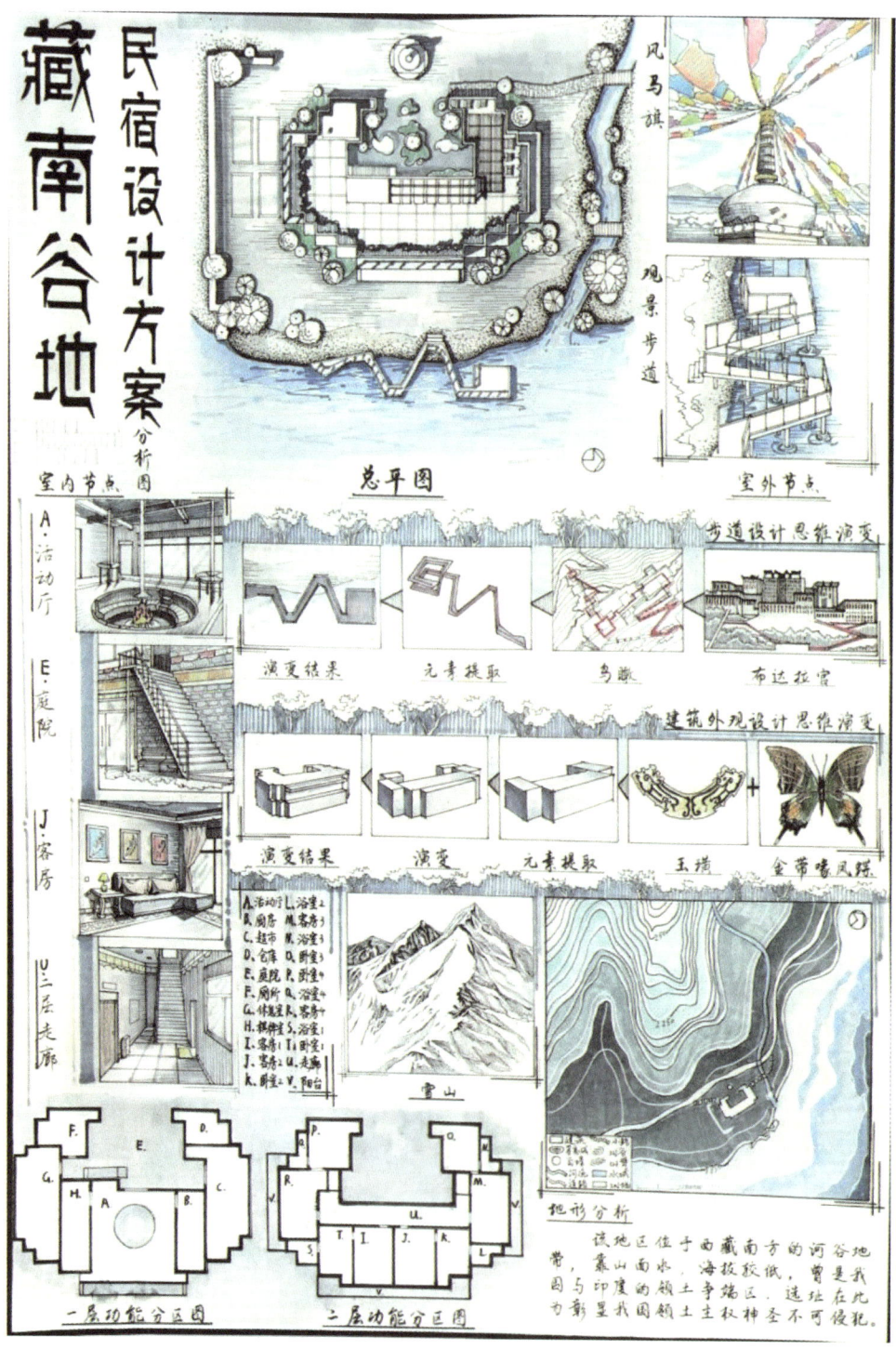

附图-46 藏南谷地民宿设计方案2

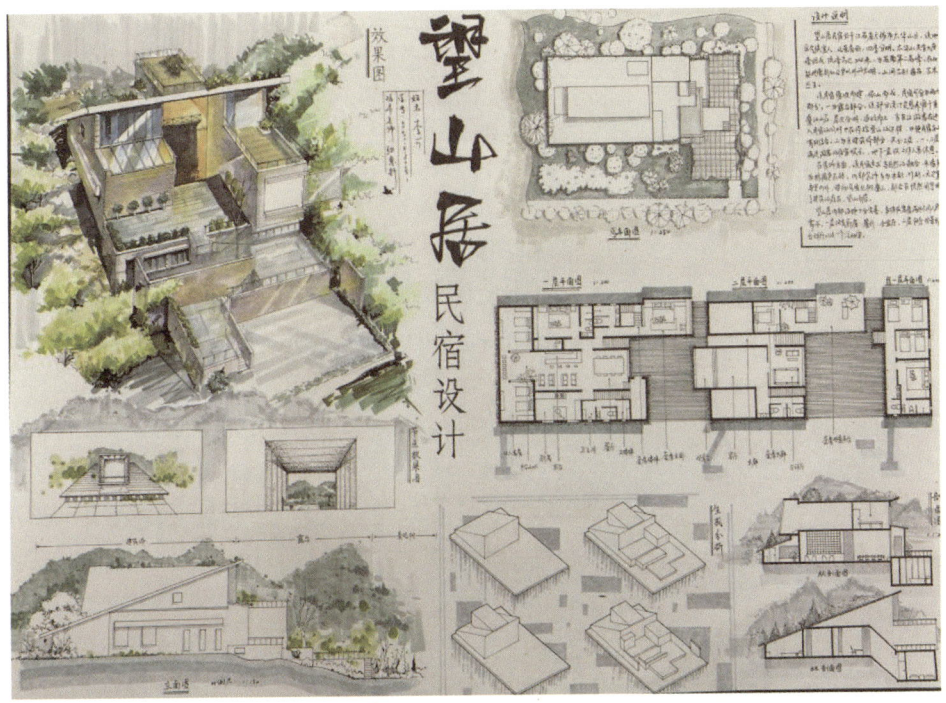

附图-47 望山居民宿设计

附图-48 归雁民宿设计

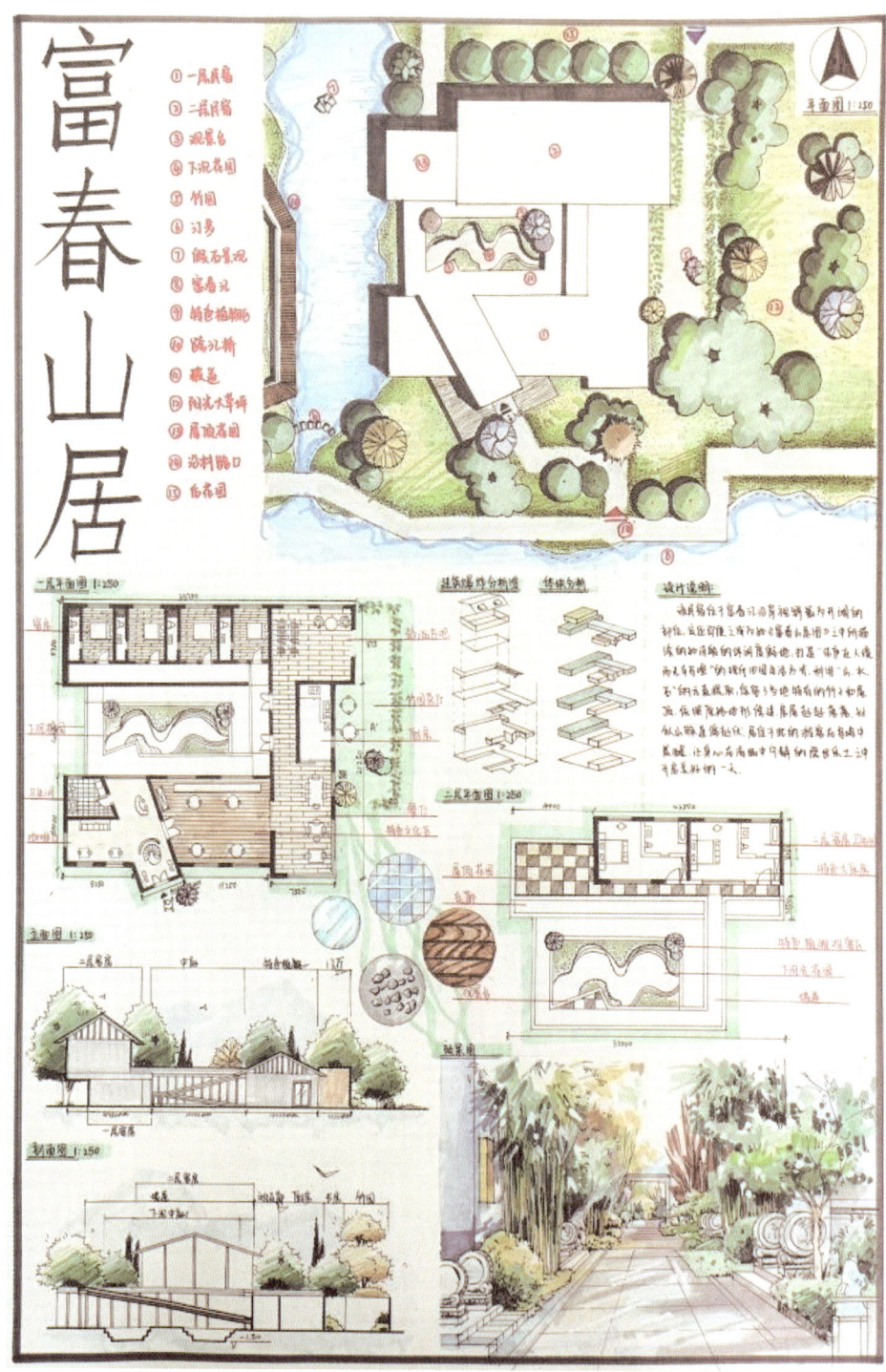

附图-49 富春山居

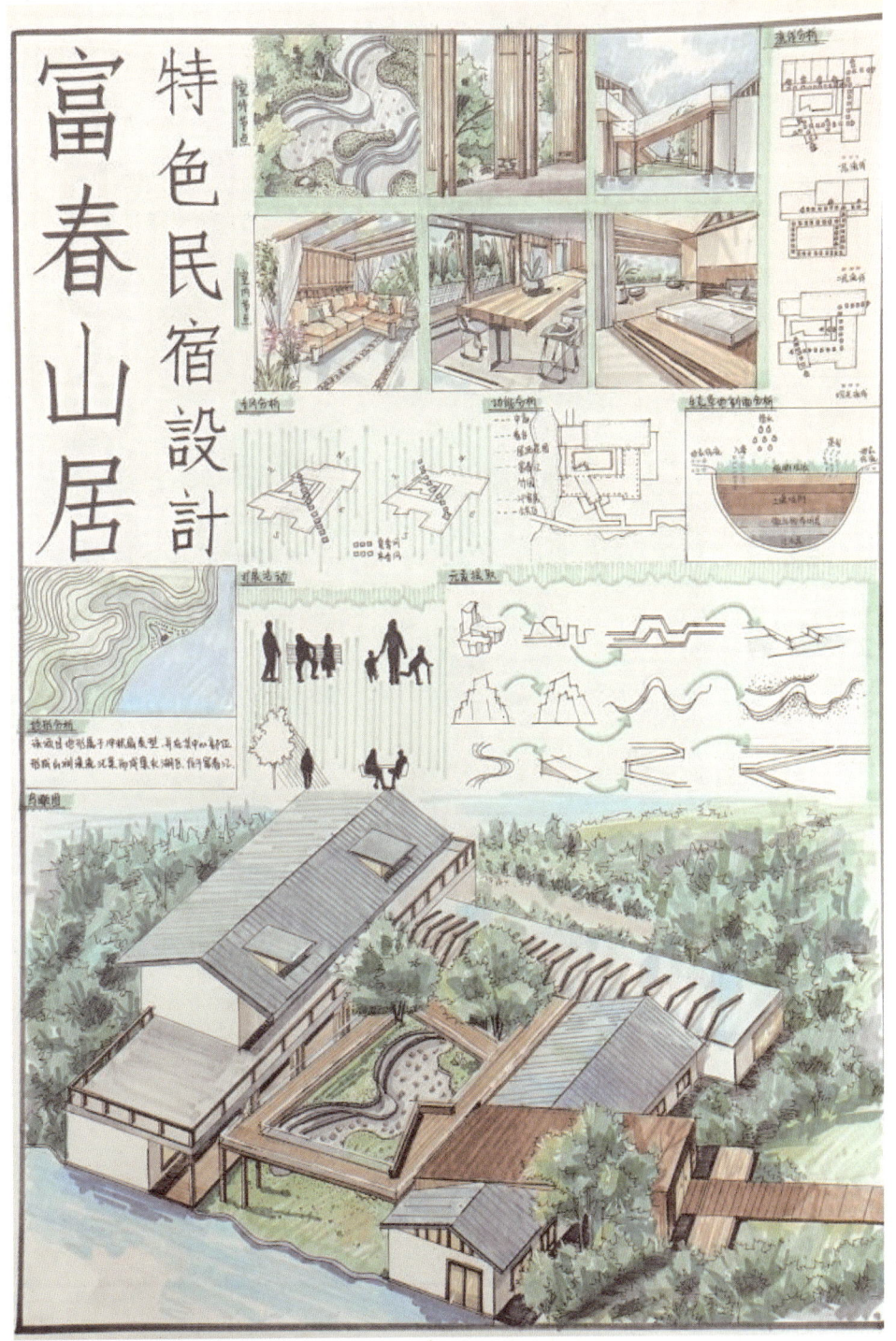

附图-50 富春山居特色民宿设计

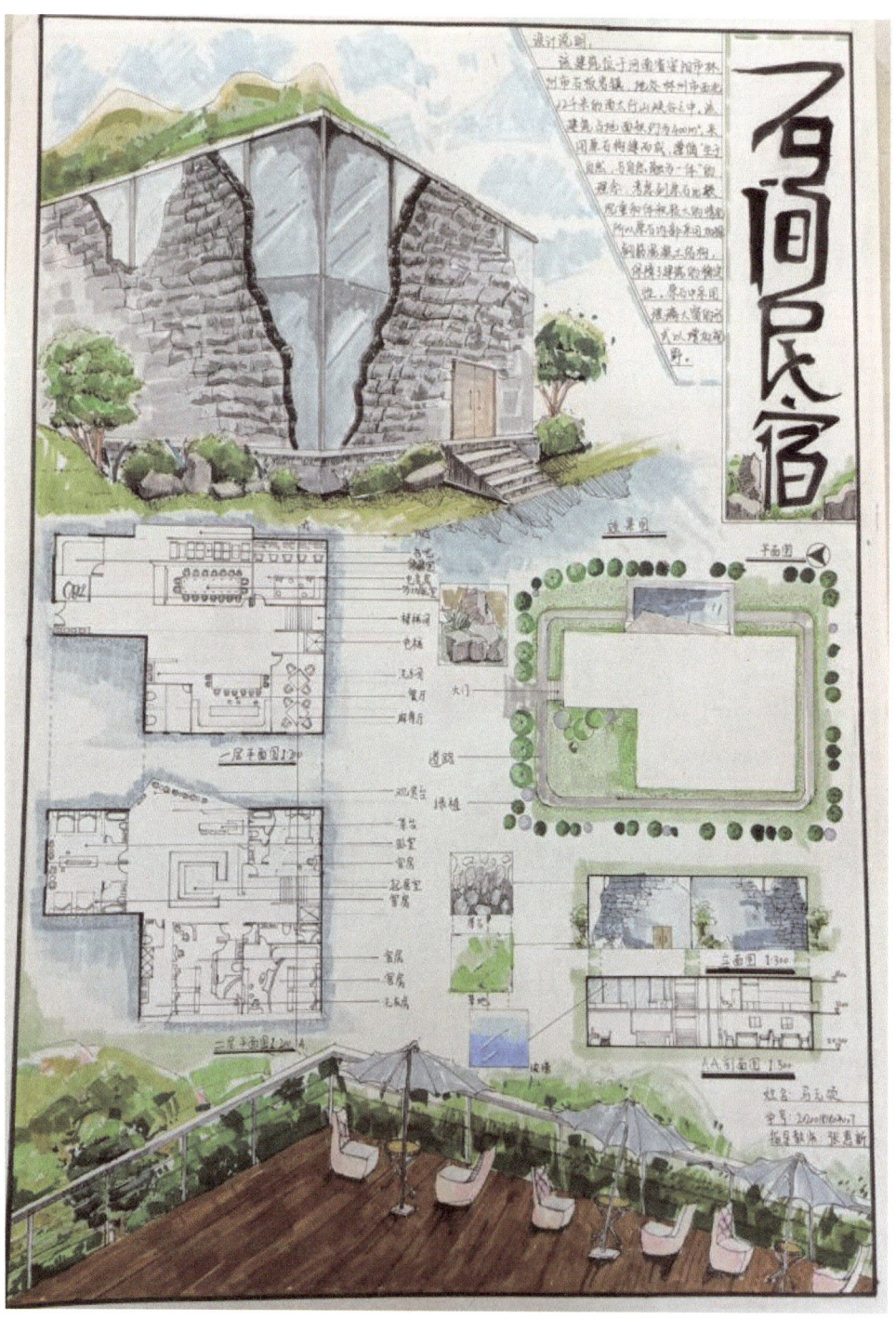

附图-51 石间民宿

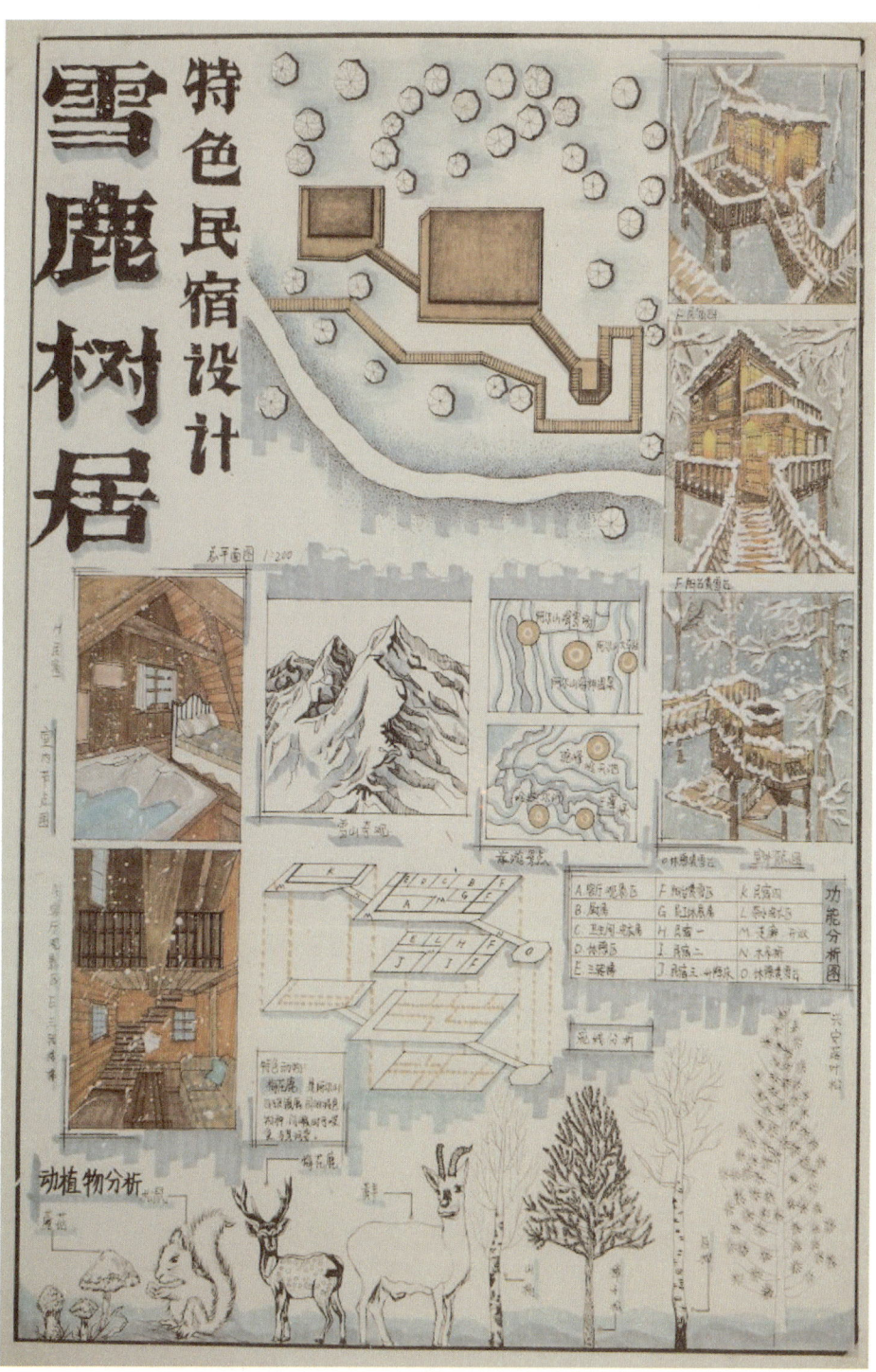

附图-52 雪鹿树居特色民宿设计 1

附图-53 雪鹿树居特色民宿设计 2

附图-54 2021本科现代景观考察实践调研报告

附图-55 文化走廊设计

附图-56 校园文化属性提升设计

附图-57 调研报告——2019级景观考察

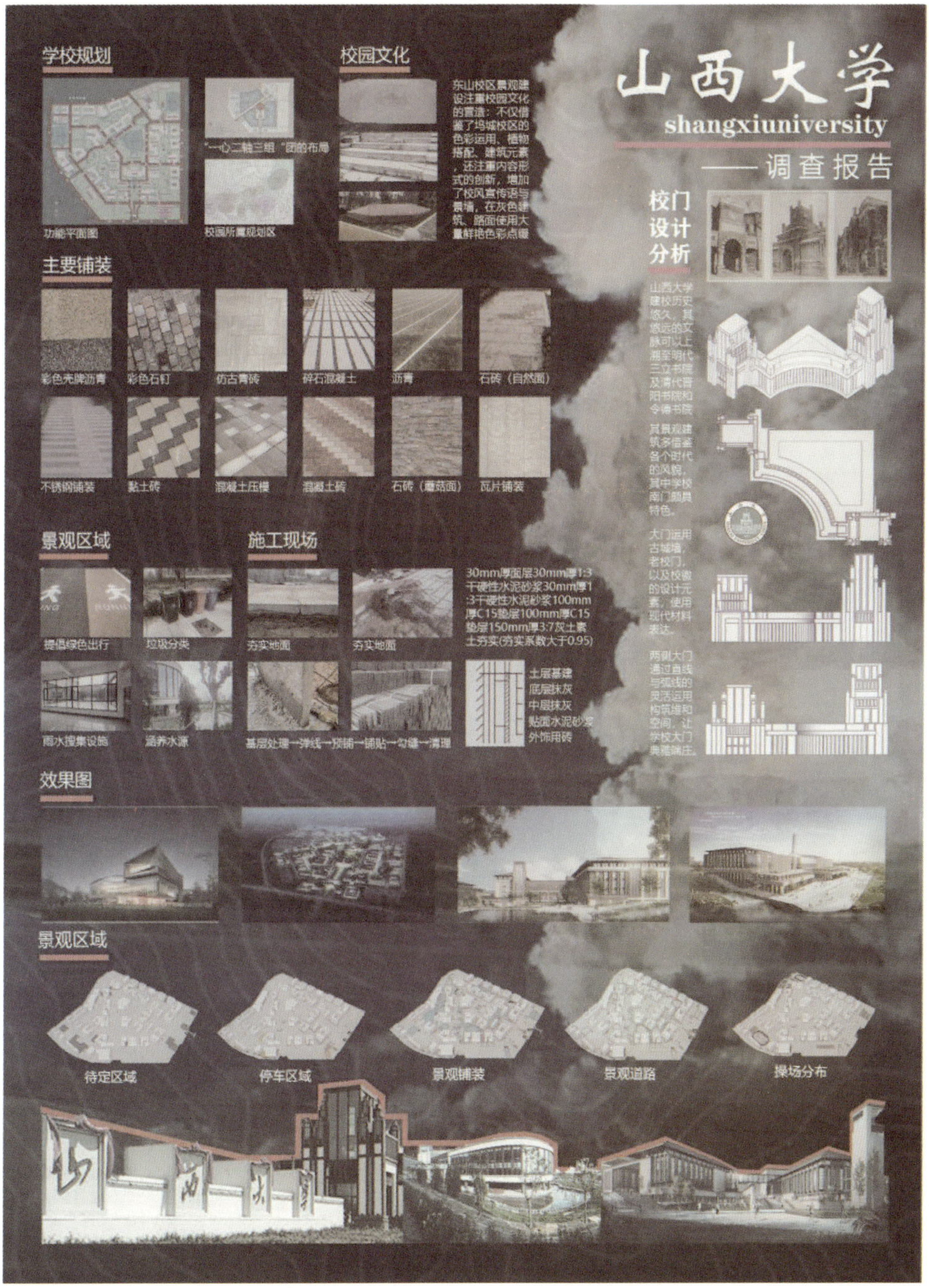

附图-58 山西大学——调查报告1

附图-59 山西大学——调查报告2

附图-60 东山校区景观考察报告1

附图-61 东山校区景观考察报告2

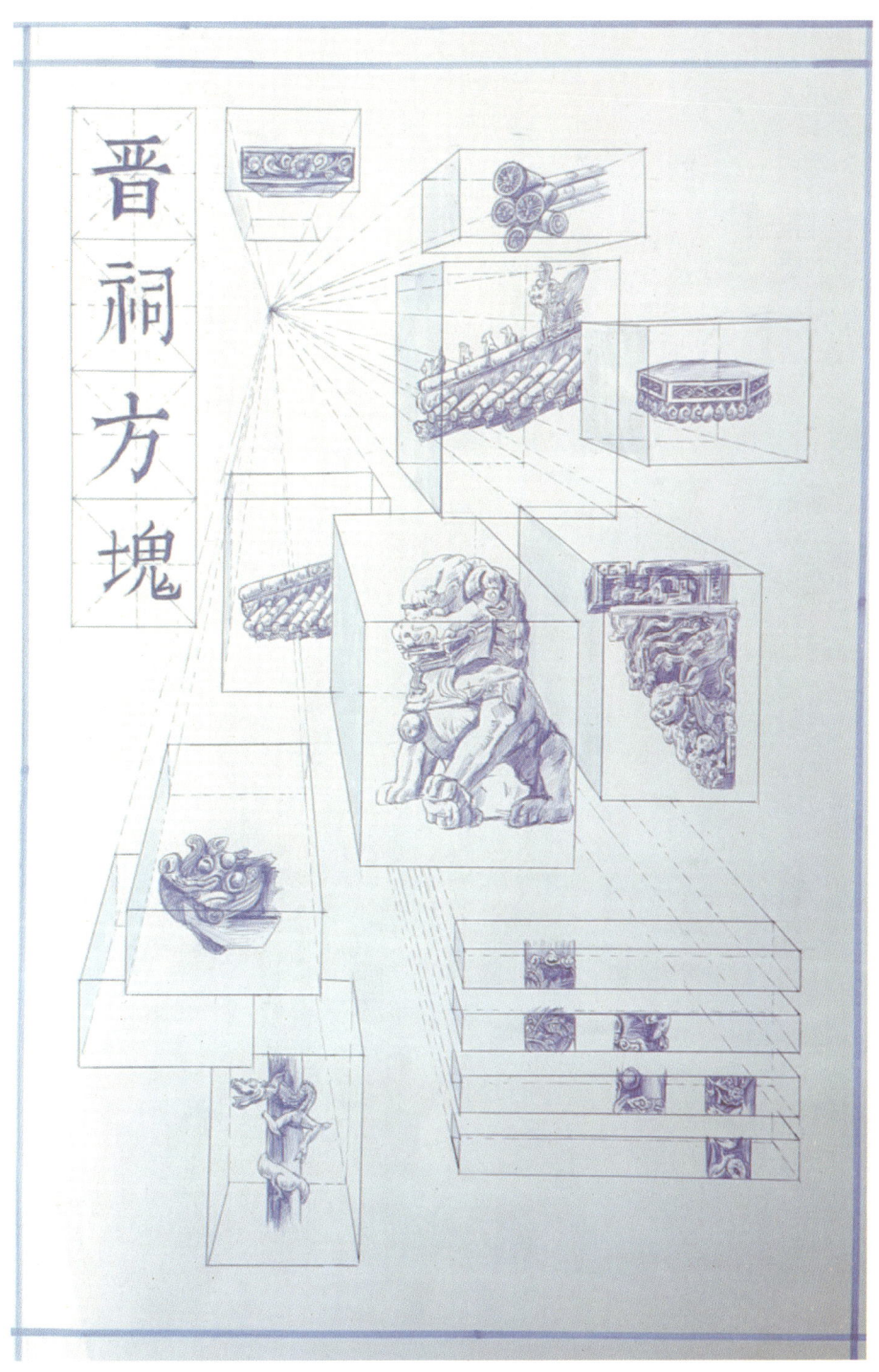

附图-62 写生练习：晋祠方块

附图-63 写生练习：山西大学

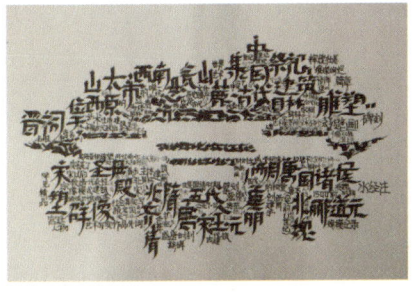 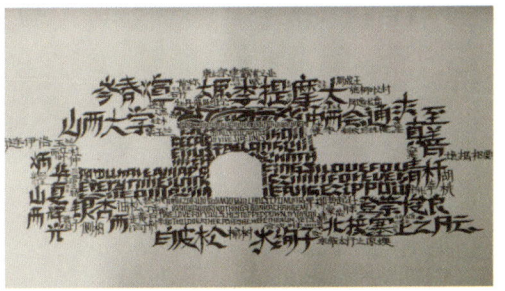

附图-64　写生练习：平构山西　　　附图-65　写生练习：平构山西大学

附图-66　写生练习：山西旅游景点

附图-67 写生练习:景观一角